Xianda Bai
Lihong Yao
Yanfen Qin

A influência do clima na visita a Guilin

Xianda Bai
Lihong Yao
Yanfen Qin

A influência do clima na visita a Guilin

Investigação sobre turismo e clima em Guilin

ScienciaScripts

Imprint

Cover image: www.ingimage.com

This book is a translation from the original published under ISBN 978-3-330-02619-3.

Publisher:
Sciencia Scripts
is a trademark of
Dodo Books Indian Ocean Ltd. and OmniScriptum S.R.L publishing group

120 High Road, East Finchley, London, N2 9ED, United Kingdom
Str. Armeneasca 28/1, office 1, Chisinau MD-2012, Republic of Moldova, Europe
Managing Directors: Ieva Konstantinova, Victoria Ursu
info@omniscriptum.com

Printed at: see last page
ISBN: 978-620-8-63927-3

Resumo do conteúdo

Nota:

As condições meteorológicas têm um impacto direto na vida quotidiana das pessoas e também têm repercussões nas actividades turísticas. O clima é uma caraterística global das condições meteorológicas durante um longo período de tempo. O clima tem uma grande influência nas condições ambientais locais, nos estilos de vida das pessoas e no desenvolvimento económico. O turismo é a atividade de lazer das pessoas. Quando viajam, podem admirar a natureza, relaxar e fazer exercício. Na primavera, podem admirar a beleza das flores; no verão, podem evitar a insolação; no outono, podem colher fruta; e no inverno, podem observar a neve. Todas estas actividades turísticas dependem das condições meteorológicas. Guilin tornou-se um destino turístico de renome mundial. Os principais projectos turísticos de Guilin são: Turismo de montanha, recreação ecológica, história, arqueologia, recreação de aventura, desporto e recreação, geologia KAST, história e cultura, caminhadas, recreação aquática, costumes étnicos, jardinagem e muitas outras categorias. As atracções turísticas estão espalhadas por toda a cidade. Destinos famosos incluem : Rio Li, Rio Zi, Rio Wupai, Rio Yi, Rio Yulong, Lago do Céu, Lunsheng Keel, Lunsheng Hot Spring, Aldeia dos Oito Cantos, Montanha Miao'er, Montanha Yao, Gruta das Sete Estrelas, Gruta da Flauta de Cana, Gruta Guan, Gruta dos Peixes Abundantes, Gruta da Prata, Palácio do Príncipe de Jingjiang e Mausoléu de Jingjiang, Gruta de Zeng-Pi, Floresta de Estelas de Guihai, Estrada do Oitavo Exército, Bai Chunxi, Li Zongren, Tang Jingsong, antiga residência de Chen Hongmou, Templo Confucionista de Gongcheng, Templo de Adoração de Guan Yu, Templo da Montanha Xiang e muitos outros. Guilin também tem muitas quintas de férias e jardins de flores e frutos. Além disso, existem centenas de belos trilhos ecológicos para caminhadas à volta da cidade. Guilin tem um clima agradável, com quatro estações bem definidas, temperatura média anual de 18-20C', temperatura mínima extrema de -8C, temperatura máxima extrema de 42C, precipitação total anual de 1400-2000mm, dias de chuva 170d, dias de tempestade 70d, dias de nevoeiro 2-10d, dias de vento forte 1-4d. A base não é afetada por tufões ou tornados, não ocorrendo tempestades de areia. As principais catástrofes meteorológicas são chuvas fortes, vento, trovoadas, tempestades, geadas, secas, chuvas prolongadas na primavera, nebulosidade e nevoeiro. Guilin possui recursos climáticos ricos, as condições climáticas para o desenvolvimento do turismo são muito boas, durante todo o ano, existem diferentes zonas climáticas, diferentes projectos de turismo ecológico e decorativo, diferentes experiências turísticas. Tirar o máximo partido das vantagens climáticas de Guilin, evitar eficazmente todos os tipos de catástrofes climáticas, desenvolvimento científico e razoável do turismo, actividades turísticas, pode desempenhar um papel positivo no desenvolvimento do turismo em Guilin.

Palavras chave: recursos climáticos, desenvolvimento turístico, impacto ambiental, Guilin.

Introdução :

Situada na zona de clima subtropical de monção do sul da China, Guilin possui recursos hídricos e montanhosos ricos, bem como um ambiente ecológico excecional. A natureza dotou a cidade dos únicos recursos turísticos do mundo. A cidade tem uma boa base de desenvolvimento e o desenvolvimento do turismo também está a correr muito bem. Guilin está a construir um centro turístico internacional, utilizando as vantagens do Big Data da era da informação e da tecnologia da Internet, a sabedoria dos transportes, do alojamento, das viagens, a sabedoria do conceito de desenvolvimento urbano, promovendo energicamente a marca turística de Guilin. Muito depende das condições climatéricas, o clima turístico tornou-se uma nova disciplina especializada, Z.W.Wu (2001) publicou um livro "Travel Climatology", F.Y. Wei, etc. (2007) publicou um livro "Travel Climatology". Wei, etc. (2007) um resumo especial da situação da investigação sobre o clima do turismo na China, S.Y. Yang (2005) centrou-se especificamente na climatologia do turismo. Nestes estudos sobre a climatologia do turismo, foram examinados os objectos de investigação e os métodos de investigação da climatologia do turismo; a análise e o estudo dos recursos climáticos do turismo alcançaram muitos êxitos. F.Q. Zhang (2006), com a teoria da climatologia do turismo, discutiu o desenvolvimento do turismo na cidade chinesa de Nanchang, J.Guo (2005), H.Cao et al. (2007), L.L.Zhu et al. (2005), D.Y.Duan et al. (1998), Z.C.Fan et al. (2005), M.L.Qin et al. (2013), Y.Hu et al. (2001), J.G.Chen et al. (2010), B.H.Yang etc. (2011) estudaram, respetivamente, o desenvolvimento dos recursos climáticos do turismo em Sichuan, Fuzhou, Shandong, Hunan, Zhangjiajie, Chongzuo, Chengdu, Yunnan, Baía do Norte de Guangxi, etc., e analisaram os recursos climáticos do turismo em redor. Q.C.Liu, etc. (2007), especializou-se na análise do conforto climático no turismo urbano chinês, M.Liu et al. (2002). resumem o estado atual da investigação sobre o conforto climático e as perspectivas de aplicação. X.Y.Zhao et al.(2008), analisaram o clima de conforto do turismo de Nanjing, H.L.Zhou et al.(2012) analisaram o clima de conforto do turismo de Shandong-Weihai, W.J.Qin (2003), X.L.Ye et al.(2012), X.C.Li et al.(1999), D.L.Huang (2010) sobre o conforto climático do turismo de Guangxi fez uma pesquisa séria, D.Wu (2003) resumiu os resultados da pesquisa sobre o conforto climático e sugeriu que diferentes regiões devem estabelecer um modo de conforto climático local de acordo com suas próprias circunstâncias; Y.L.Liu (2014) contribuição sobre a indústria do turismo da China para lidar com eventos climáticos extremos, X.Sun, etc.(2014).análise da distribuição de desastres climáticos em Hebei, G.Y.Ren, etc.(2005), análise das caraterísticas da China em quase 50 anos de mudanças climáticas, acreditam que, devido à mudança climática abrupta, eventos climáticos e climáticos extremos estão aumentando. T.Liu et al.(2011), analisando as principais catástrofes climáticas e os seus danos, concluem que os danos causados pelas catástrofes climáticas estão a aumentar. J.X. Guo et al (2005) e J.W.Xin et al (2007) estudaram algumas contramedidas de proteção contra as catástrofes meteorológicas na China. Q.Y.Zhang et al. (2007) estudaram os efeitos do aquecimento global na saúde humana. S.Y.Yang et al. (2010) estudaram o impacto das catástrofes meteorológicas no turismo na China, S.Z.Luo et al. (2013), Y.L.Yang et al. (2011) estudaram a distribuição e o impacto das catástrofes meteorológicas no turismo em Qinghai e Sichuan Zoige; além disso, para o nevoeiro turístico (F.L.Yang et al., 2013, Z.Jia, 2013), a neblina (N.N.Cui, 2013), a visibilidade (Y.Y.Tian et al, 2010), relâmpagos (W.J.Qin 2000), seca (P.Feng et al. 2002), chuvas fortes como deslizamentos de terra e fluxos de detritos A investigação sobre desastres também é muito, muitos estudos mostraram que os desastres climáticos têm um impacto significativo na segurança das viagens plantas ornamentais, as flores também desempenham um papel importante no desenvolvimento do turismo, L.Ma (2006), L. Liu et al. (2006), C.Z.Wang et al. (2014), J.Li (2006), X.D. Bai (2014), S.Tang (2012) estudaram, respetivamente, o pêssego, o osmanthus doce e a colza pelo seu importante papel no desenvolvimento do turismo. Guilin, como zona experimental de desenvolvimento do turismo nacional, apoia a tarefa do desenvolvimento do turismo chinês de explorar o papel do clima no turismo de Guilin, o impacto no desenvolvimento do turismo das catástrofes climáticas, etc., deve prestar grande atenção, a investigação deve reforçar um contributo positivo para o desenvolvimento do turismo de Guilin.

Capítulo 1

1 As principais direcções do desenvolvimento turístico em Guilin

Guilin goza da reputação de "a melhor paisagem do mundo" desde os tempos antigos e é um importante destino turístico na China e em todo o mundo. Foi reconhecida pelo Conselho de Estado da China como uma cidade cénica e uma cidade histórica e cultural, e é conhecida como uma pérola do turismo internacional. Guilin tem belas paisagens, especialmente paisagens montanhosas e aquáticas especiais, representadas pela paisagem do rio Li e pela paisagem do KAST, há colinas verdes, a água é límpida, o buraco e a pedra são lindos, é elogiado como "quatro único", é uma paisagem natural típica em nome da China. O turismo é a espinha dorsal da indústria de Guilin e desempenha um papel importante na promoção do transporte local, da cultura e da economia de Guilin. Desde a reforma e a abertura até à atualidade, o turismo de Guilin desenvolveu-se rapidamente, a força global é constantemente reforçada, a função social é constantemente incorporada, o desenvolvimento do turismo de Guilin está em boas condições e tornou-se um indicador da indústria turística da China.

1.1 Riqueza dos recursos turísticos

Guilin tem uma paisagem natural magnífica. É famosa pelas suas "colinas verdes, águas límpidas, buracos espantosos e beleza da pedra". Devido à paisagem natural especial do Karst e das grutas subterrâneas, a cidade criou muitas atracções únicas. Guilin é uma cidade cultural antiga com uma longa história, desde a dinastia Han até à dinastia Qing e até aos tempos modernos. Todas as dinastias anteriores deixaram aqui um brilhante legado cultural, e as paisagens naturais e humanas estão em harmonia, formando uma massa integrada que se reflecte mutuamente. O rei da cidade na cena, a beleza da cena na cidade, a cidade e a cena fundem-se. Os recursos turísticos únicos constituem a base e a plataforma para o desenvolvimento de produtos turísticos para Guilin.

Em 23 de junho de 2014, a segunda fase do Guilin KARST, que inclui o Guilin KARST (Guangxi), o Shibi KARST (Guizhou), o Jinfo Mountain KARST (Chongqing) e o Huangjiang KARST (Guangxi), foi inscrita na Lista do Património Mundial na 38.ª Convenção do Património Mundial. A gruta tropical de Guilin KARST é mundialmente famosa e mesmo única pelas suas caraterísticas e valor científico. Foram criadas vinte grutas turísticas em Guilin e existem muitas outras grutas intactas.

As grutas de ZengPi são os únicos sítios arqueológicos do parque nacional no sul da China. Para além de serem uma das mais antigas habitações ancestrais do atual sul da China e dos povos do sudeste asiático, são também uma das principais origens da cerâmica antiga. Existem 6 habitações típicas de cavernas neolíticas que datam de cerca de 12.000 a 7.000 anos atrás. Para além disso, foram encontrados ossos humanos de 29 pessoas nas grutas de Zenpi. Este grupo de ossos no sul é relativamente raro, é um valioso conjunto de materiais arqueológicos para investigação no sul da China, e esta investigação para a migração humana para o continente tem um valor bastante elevado, este grupo de material ósseo pode ser um dos antigos antepassados das pessoas no sul da China e no Sudeste Asiático. A gruta de Zengpi alberga também 72 outros sítios de grande valor arqueológico.

Guilin é a retaguarda chinesa na guerra de resistência, onde um grande número de estudiosos foram recolhidos durante a guerra anti-japonesa, o Exército Vermelho depois de Guilin rompeu o rio Xiang no norte pela famosa longa marcha de vinte e cinco mil li, é uma grande quantidade de Guilin cultura de guerra anti-japonesa para escrever. Guilin é uma cidade bonita e de personalidade proeminente, com alguns académicos de renome na antiguidade, e foi o berço da moderna clique de Guangxi e de uma história e cultura particulares e profundas. Há muitas oportunidades para viajar e passear.

O turismo de Guilin tem uma paisagem geológica, uma paisagem aquática, uma paisagem biológica, locais e edifícios históricos, actividades recreativas, compras, etc., todas as seis principais classes de conhecimento, o tipo é completo. Guilin tem 4 zonas turísticas nacionais de classe 5 a (nível mais elevado); 11 zonas turísticas nacionais de classe 4 a; 8 zonas turísticas nacionais de classe 3 a. Existem várias zonas cénicas a nível nacional e regional autónomo, parques florestais nacionais, reservas naturais nacionais e regionais, recursos turísticos ricos, como a cultura popular e os antecedentes históricos, que tornam Guilin encantadora. As magníficas paisagens naturais, o clima adequado, o grande número de trilhos para caminhadas e as aldeias turísticas deram um novo impulso ao turismo em Guilin.

A paisagem "Guilin é a melhor do mundo" tornou Guilin famosa em todo o mundo, e a Galeria do Tomilho do Rio Li goza de uma boa reputação no país e no estrangeiro. Guilin First Party é uma organização de turismo global que promove uma das melhores cidades turísticas da China a nível mundial. De acordo com as estatísticas, o antigo presidente dos EUA Richard Nixon, Bill Clinton e o antigo primeiro-ministro japonês Toshiki Kaifu, como mais de 150 chefes de estado e dignitários estrangeiros para visitar Guilin Li River, os turistas que chegam todos os anos nos últimos dois anos mais de 1,25 milhões de pessoas, há mais de 1.000 turistas nacionais após o turismo de Guilin. Desde os manuais escolares do ensino primário até ao BBS de Boao, o turismo de Guilin tem um lugar de destaque na mente dos turistas nacionais e estrangeiros.

1.2 Gestão avançada do turismo

O número de turistas que entram em Guilin tem estado em linha com os líderes nacionais de todos os tempos, e é um destino turístico bem conhecido na China. Em 2012, o turismo de Guilin tornou-se uma zona piloto abrangente pelo Conselho de Estado, Guilin aproveitar ao máximo esta oportunidade, exploração ousada, trazer as pessoas em primeiro lugar, o primeiro é o sistema de gestão de exploração, Guilin Comitê do Partido Municipal do governo da cidade coloca ênfase no desenvolvimento do turismo, Guilin Comitê de Desenvolvimento do Turismo foi criado. Em 2017, a primeira polícia de turismo do país foi criada pela primeira vez. Promover ativamente a gestão da indústria do turismo, formular medidas de gestão de guias e agências de viagens, reforçar a inspeção da aplicação da lei, combater firmemente as actividades ilegais no mercado do turismo. No domínio da administração do turismo, Guilin criou, pela primeira vez na China, uma autoridade de supervisão da qualidade do turismo, liderando a abertura da linha direta para turistas, a revolução das casas de banho, etc. Ao mesmo tempo, o governo de Guilin está atento ao papel da tecnologia "Internet +" no desenvolvimento do turismo de Guilin, O governo de Guilin, atento ao papel da tecnologia "Internet +" no desenvolvimento do turismo de Guilin, criou corajosamente um novo modo de "Internet + turismo". O primeiro país abriu serviços WIFI sem fios nos principais locais turísticos e hotéis, para que os turistas possam escolher viagens, bilhetes e outras decisões comerciais em linha. Deste modo, será possível garantir a segurança e diversificar o conforto dos turistas. A fim de promover o desenvolvimento do turismo, o governo atribui grande importância à promoção do trabalho, os dirigentes da cidade tomam a iniciativa em Pequim, Hong Kong, Taiwan, etc., de promover a cultura paisagística de Guilin, através da televisão, dos jornais, das redes e de outros meios de comunicação social, dando a conhecer Guilin ao mundo inteiro, atraindo os visitantes que pensam no turismo em Guilin. Foi pioneiro no marketing turístico para a venda de lembranças de Guilin e na partilha de lucros. Em 2014, Guilin recebeu a aprovação do Conselho de Estado para que os cidadãos de 51 países possam transitar com isenção de visto durante 72 horas. Guilin tornou-se o nono país da China a alcançar a política de isenção de visto para cidades em trânsito durante 72 horas, o que é muito conveniente para os visitantes estrangeiros. As medidas acima referidas promoverão o desenvolvimento do turismo em Guilin e desempenharão um papel de liderança ativa no desenvolvimento do turismo nacional. Guilin tem uma experiência rica no desenvolvimento do turismo, que pode promover o desenvolvimento do turismo nacional e internacional. Desde novembro de 1992, Guilin tem organizado com êxito a "Primeira Sessão do Festival Cultural de Turismo Rural de Guilin", a Feira Internacional de Turismo, o BBS Internacional de Turismo Sénior e outras actividades. O Festival Gastronómico de Guilin, o Festival da Flor de Pêssego de GongCheng, o Festival da Longevidade do Condado de Yongfu, o Festival das Lanternas do Rio Ziyuan... Estas actividades tiveram um impacto positivo na reputação do turismo internacional de Guilin.

1.3 Os locais turísticos são ideais

Em 1973, Guilin foi incluída na lista das primeiras 24 cidades turísticas chinesas a abrir-se ao mundo exterior. Guilin é o primeiro hotel de empreendimento conjunto para empresas estrangeiras criado pela China, o primeiro grande mercado grossista de produtos turísticos, formou a primeira coleção de "comida, paragem, visita, entretenimento, compras", é um dos sistemas da indústria turística relativamente completo, e é uma das cidades turísticas, as instalações turísticas são melhores.

Em termos de escala industrial, a cidade tem um total de cerca de cento e dez agências de viagens nacionais e estrangeiras, cinco agências de viagens nacionais de primeira classe, pessoal empregado em viagens até 50.000 pessoas. Agências de viagens internacionais 20, agências de viagens nacionais 73, todos os tipos de línguas estrangeiras e guias de mandarim e dialectos 9000; Existem 67 hotéis de estrelas, incluindo hotéis de cinco estrelas-4, quatro estrelas-8, três estrelas 34, duas estrelas menos de 21; Existem 10355 quartos, 20110 camas, construção de habitação social mais de 400, 50000 camas. Guilin tem mais de 80 empresas de transporte turístico, o navio de cruzeiro do rio Li tem 225 e 18000 lugares, "dois rios e quatro lagos" tem um navio de cruzeiro de 27 e 1030 lugares, tem 1128 autocarros diferentes para servir a viagem; há 85 empresas de paisagem e recreio registadas na Associação.

Há mais de 50 tipos diferentes de sítios turísticos aqui, dos quais 4 são sítios nacionais de classe 5A, 11 são sítios de classe 4A e oito são sítios de classe 3A. Guilin dispõe de empresas de aluguer de automóveis e de barcos que operam no sector do turismo, mais de quarenta, e todos os tipos de barcos, mais de duzentos e cinquenta. A partir da estrutura do produto, a adaptação da estrutura do produto de Guilin já integrou o sistema turístico, incluindo a paisagem turística, o lazer, a cultura histórica, a exposição comercial, etc. Nos últimos anos, Guilin tem feito esforços para recreação, manutenção da saúde da medicina chinesa, novos projectos de turismo ambiental, como o pé, enriqueceu muito a forma de turismo de Guilin. Ao mesmo tempo, também completou a transformação da estrutura dos projectos de turismo, da simplificação à diversificação, sistematização, os produtos turísticos são mais perfeitos.

O Instituto de Turismo de Guilin, que depende diretamente do Ministério da Educação e da Construção da Administração Nacional de Turismo da China, é uma das quatro faculdades e universidades de turismo e a única grande unidade de apoio à Organização Mundial de Turismo das Nações Unidas e aos membros do comité de educação afiliado. Oito faculdades e três departamentos, bem como 46 profissionais, estão ligados ao instituto, que recruta anualmente pessoal para a gestão do turismo em todo o país,

O desenvolvimento do projeto de turismo estudantil, com mais de 8500 pessoas, tanto no país como no estrangeiro, a cultura do talento turístico desempenha um papel importante.

1.4 Cozinha de Guilin

Guilin situa-se no nordeste de Guangxi e faz fronteira, de norte a leste, com a província de Hunan. A cozinha de Hunan tem uma forte influência em Guilin, sobretudo nos distritos e comunas do nordeste, onde a comida é por vezes muito picante. O distrito de Pingle, a sul, faz fronteira com Hezhou e Wuzhou, onde a influência da cozinha cantonesa se faz sentir claramente. Guilin possui uma grande minoria de estabelecimentos onde as diferentes caraterísticas de vida e de alimentação são evidentes, dando origem a uma cultura gastronómica única. Os pratos locais de Guilin são simples, naturais, ricos em sabor, doces e azedos e têm um forte sentido de raízes. As pessoas de todos os grupos étnicos de Guilin são boas na produção de uma grande variedade de especialidades locais, oferecendo todos os tipos de pratos e petiscos saborosos, diversidade, pratos e petiscos étnicos de Guangxi também são formados em Guilin. Depois de 2012, os peritos da organização governamental da cidade de Guilin para recolher a cozinha de Guilin e a lista de petiscos, encontrados na cozinha de Guilin, formaram efetivamente as suas próprias caraterísticas, tornando-se um fator importante de Guilin para atrair visitantes, é uma parte importante do turismo de Guilin. Os três tesouros de Guilin são conhecidos há muito tempo, tanto no país como no estrangeiro: Lipu Taro

A dinastia Qing era famosa pelo abandono de produtos de alta qualidade. Com a adaptação da estrutura industrial no campo, Guilin está a desenvolver energicamente o distrito de Yunfu e a cultivar momordica grosvenori, laranjas de açúcar, laranjas jin, uvas, pomelo shatian, dióspiros secos, etc.; estes ricos produtos agrícolas estão a tornar-se cada vez mais populares entre os turistas.

Guilin é o elemento mais caraterístico da dieta popular local, com a massa de arroz de Guilin, o estilo de cozinha Linchuan, o chá de manteiga Gongcheng e os croquetes de carne Lipu Taro. A carne de Lipu taro remonta aos anos da dinastia Qing em Jiaqing, foi criada por uma cozinha privada e tornou-se um famoso prato tradicional chinês e estrangeiro. A qualidade da carne de LiPu Taro é requintada, é rica em nutrientes, contém proteínas, amido e certos sais inorgânicos, vitaminas e tem o efeito de nutrir a vitalidade humana e os rins, o baço e o estômago. Feito de LiPu Taro e de carne de porco estufada, tem estado sempre no prato dos feriados, casamentos, funerais e banquetes familiares.

O molho de malagueta de Guilin, com o seu sabor único de coroa, é designado por "Três Tesouros de Guilin". Não é apenas popular em Guilin, mas também se vende bem em Hong Kong, Macau e no Sudeste Asiático. Juntamente com o vinho tricolor de Guilin e a coalhada de feijão fermentada de Guilin, é conhecido como "Três Tesouros de Guilin". O molho de malagueta de Guilin tem muitas variações devido aos diferentes ingredientes que o compõem. Com Alho Chili Ingredientes do alho

O molho. A adição de molho à lagosta transforma-se em molho de chili de feijão preto. O molho de malagueta de Guilin, em geral, escolhe pimentos vermelhos de alta qualidade, alho, esmagado, misturado com molho de lagosta, adiciona vinho tricolor de Guilin e sal fino, etc., selado numa tigela, pode começar num mês ou mais. O molho de soja com malagueta de Guilin é picante, suave e delicioso. É comestível e aromático, e também pode ser utilizado como tempero. É muito popular entre os turistas chineses e estrangeiros.

O Hotpot Spirit Linchuan é um prato tradicional de Guilin. Caracteriza-se pela sua escolha de materiais, pela sua técnica de corte e pelos seus métodos de cozedura. O prato cozinhado não contém açúcar e não tem um sabor forte. Coma-o depois de se ter saciado com o seu sabor persistente. É tão saboroso que não terá medo de o comer novamente. As especialidades do Hotpot de Linchuan são deliciosas e ricas em nutrientes. São um tónico de inverno e preservam as iguarias tradicionais.

A massa de arroz de Guilin é um componente de qualidade dos petiscos locais de Guilin e é feita de arroz. A massa de arroz de Guilin divide-se, grosso modo, em três tipos, consoante o tempero e o método de preparação: massa fresca, massa em caldo, massa com miudezas de vaca e massa de arroz com carne de cavalo. A massa de arroz com carne de cavalo é a mais famosa de todas. Na década de 1970, Guilin recolheu 78 variedades de petiscos no âmbito de um inquérito sobre os sabores tradicionais, estando a massa de arroz de Guilin no topo da lista. O arroz é o alimento básico dos habitantes de Guilin de manhã, à tarde e à noite, e a massa de arroz é o pequeno-almoço e a refeição preferida dos chineses modernos e dos turistas estrangeiros, em qualquer altura e em qualquer parte do mundo.

O chá de óleo de camélia é o sabor único dos pratos das minorias étnicas que vivem nas montanhas, nomeadamente os Miao, Yao e Dong, que geralmente gostam de o beber. Na região de Guilin, o chá de manteiga divide-se em dois sabores diferentes: GongCheng e GuanYang. Embora o chá de manteiga tenha sido originalmente produzido nas montanhas, está agora amplamente disponível tanto nas zonas urbanas como nas rurais, tendo-se estabelecido em toda a província de Guangxi. Guilin kate é o número um do mundo.

1.5 Guilin entra na era das "viagens a crédito

O crédito de viagem é um produto derivado da era do big data, o crédito de acordo com a avaliação e combinando com a vida das pessoas, materializa-se tornou-se o privilégio do crédito ao consumidor, o que também os torna bem no seu próprio crédito ao mesmo tempo, mais conscientes do valor do crédito. É preferido por cada vez mais pessoas e cada vez mais empresas estão interessadas no crédito para viagens. De acordo com a Administração Nacional de Turismo, a combinação de turismo e crédito reforçou a credibilidade do conceito de turismo nos últimos anos.

As viagens de crédito desde 2015 começaram a aparecer em Guilin, como todos os tipos de serviços de crédito, muitas vezes com a construção da "cidade inteligente", a era das "viagens de crédito" de Guilin chegou silenciosamente. O aluguer de automóveis, o alojamento e os passeios turísticos podem ser escovados a "crédito", vários projectos relacionados com o crédito através da Internet e da tecnologia de grandes volumes de dados, como o Pay Schatz pay credit, oferecem uma função de serviço. Os visitantes que não têm um cartão de bicicleta pública podem tirar o telemóvel, as barras em frente à bicicleta pública são digitalizadas, o carro é levado a crédito. Muitos hotéis abriram um serviço de crédito depois de 2015, muitos hóspedes reservam quartos desta forma, estes hóspedes podem desfrutar de um depósito gratuito, os visitantes não precisam de fazer fila, não precisam de obter privilégios. Viajar a crédito é mais cómodo. Até encontrar uma casa de banho pode ser feito através da Internet móvel em Guilin.

Guilin está atualmente a promover o "futuro local cénico", que se diz ser o representante dos produtos de viagem de crédito. Através da inovação técnica, o "futuro local cénico" de Guilin na Internet pode oferecer bilhetes turísticos, pode brincar no parque.

1.6 O transporte turístico é prático

Guilin tem uma multiplicidade de vantagens em termos de transportes turísticos, terrestres, marítimos e aéreos em todas as suas formas. Os clientes podem escolher uma forma conveniente de chegar ou sair de Guilin.

Aeronave: Liangjiang International Airport capacidade anual, o aeroporto após o avanço por 5 milhões de pessoas-tempo de capacidade em 2009, 2014, por 6,897 milhões de pessoas-tempo de avanço. Veículos de voo de segurança 59 mil, existem 80 rotas aéreas para o Aeroporto de Guilin, incluindo rotas internacionais artigo 9, artigo 60 rotas domésticas. É um aeroporto importante e uma ponte aérea para Guilin e Guangxi. Com a aceleração da construção da Estância Turística Internacional de Guilin, o desenvolvimento do mercado da aviação acelerou. Guilin é uma unidade experimental de desenvolvimento de pilotos da aviação civil em Guangxi, o planeamento da cidade da aviação geral tem sido a revisão e aprovação, cada aeroporto do condado foi escolhido para seleção, Xin An, Yangshuo, como os condados do aeroporto começaram a usar, outros condados também tomam o planeamento e construção, as principais atracções turísticas do helicóptero, tomar o baixo vôo para a paisagem baixa Guilin tornou-se uma realidade.

Caminho de ferro de alta velocidade: o comboio de alta velocidade que liga Guizhou a Guangzhou, a norte e a sul, passa por Guilin, onde se situam as estações de Wutong, Guilin

West, Yangshuo e Gongcheng, ligando Guizhou a Guangdong. A linha de alta velocidade Xiang Gui passa de nordeste para sudoeste através da província de Guangdong.

Guilin, onde estão Quanzhou, Xingang, Guilin Norte, Guilin Sul, Yongfu cinco pontos. O comboio de alta velocidade pode ligar o oeste a Liuzhou, Nanning e o leste à região oriental da China. São necessárias duas horas para chegar às capitais das províncias. Guangxi construirá também 15 centros de distribuição de comboios de alta velocidade em toda a província, a fim de assegurar uma ligação sem descontinuidades durante a viagem. Guilin, Yangshuo e Xingang são uma estação importante de construção moderna. Com base no caminho de ferro de alta velocidade, o sistema de distribuição turística é gradualmente estabelecido. Guilin está a tirar o máximo partido desta situação e a reforçar a cooperação com os locais cénicos circundantes da cidade para desenvolver os recursos turísticos.

Auto-estradas: Guilin está a construir auto-estradas da cidade para todos os distritos. Está previsto que, até ao final de 2017, as auto-estradas liguem a cidade ao distrito, o distrito ao distrito de nível superior e o centro da cidade aos distritos em 2 horas. Para promover a condução autónoma, Guangxi irá também acelerar a construção de campos de estacionamento para carros autónomos. Existem mais de 30 campos de estacionamento de três estrelas em distritos turísticos especiais e distritos com novo planeamento e construção.

Transportes por água: Os transportes por água de Guilin, o Canal Lin e o Rio Li, deram um grande contributo para o desenvolvimento da economia, e agora os transportes terrestres são rápidos, os transportes de passageiros por água de Guilin desceram da fase histórica, mas os passeios marítimos no Rio Li, no Rio Gui e no Rio Zi de Guilin são também a melhor escolha turística.

1.7 A vantagem dos recursos climáticos é óbvia.

Este belo ambiente ecológico beneficia de condições climáticas adequadas. Situada no nordeste da Região Autónoma de Guangxi Zhuang, na zona de baixa latitude, Guilin pertence à zona climática subtropical de monção, onde o calor e a temperatura são agradáveis, a precipitação é abundante, o sol é generoso e a maioria das condições climáticas são excelentes. Muitos especialistas consideram a cidade como uma das mais adequadas para a fixação humana. Apesar de, por vezes, ocorrerem chuvas e baixas temperaturas, secas, inundações, granizo, ventos fortes, trovoadas, geadas e vagas de frio, o período quente de verão é curto, o inverno é um pouco frio, o clima agradável dura muito tempo.

1.8 A dinâmica de desenvolvimento económico do turismo é favorável

O desenvolvimento do turismo em Guilin levou a que a terceira indústria em Guilin se desenvolvesse rapidamente. Em primeiro lugar, os hotéis e restaurantes turísticos, no centro de Guilin e no condado de Yangshuo, podem ser encontrados em todo o lado, para criar muitos postos de trabalho; em segundo lugar, os guias turísticos, os serviços às empresas, os profissionais de transportes, a taxa de emprego na cidade também é muito elevada, as famosas agências de viagens nacionais em Guilin têm o seu próprio escritório, o serviço de turismo de Guilin está completo. O desenvolvimento do turismo, a transformação e a venda de produtos turísticos fazem de Vayao um mercado grossista de produtos turísticos famoso no país. A produção, transformação e venda de produtos locais em Guilin estão bem desenvolvidas, Momordica grosvenori, "três tesouros de Guilin", bolos caraterísticos tornaram-se convidados que levam os produtos quando vão para casa. Os petiscos de Guilin ou a massa de arroz de Guilin tornaram-se também uma experiência gastronómica turística para os visitantes de Guilin. Atualmente, o turismo tornou-se o verdadeiro pilar da indústria de Guilin, com mais de 15 milhões de turistas de cada vez, com receitas turísticas de mais de 80 milhões de yuan (RMB). O governo de Guilin atribui grande importância à indústria do turismo e controla deliberadamente o desenvolvimento de novos projectos turísticos. O Corredor de Ecoturismo do Rio Li Oriental Thyme começou a tomar forma, com o ciclismo, as caminhadas e o turismo a unirem-se num só corpo. Estão constantemente a ser desenvolvidas novas atracções e rotas turísticas, actividades de conferências e exposições, bem como ofertas de lazer e fitness. Graças a esta melhoria contínua, Guilin está repleta do dinamismo do desenvolvimento turístico.

Capítulo 2

Informações básicas sobre as atracções turísticas de Guilin

2 Distribuição das atracções turísticas em Guilin

Guilin tem uma topografia complexa. As montanhas e os rios sobrepõem-se. A norte, a leste e a oeste, a cidade está rodeada de montanhas em três lados. A sul, existem algumas montanhas, mas a topografia é relativamente baixa. Como mostra a Figura 1, a parte norte da cidade é um planalto elevado e a parte sul uma planície.

A montanha Nanling situa-se a norte, deslocando-se de nordeste para sudoeste. A leste, para DouPangLing, o cume principal é uma colina arqueada, a uma altitude de 2001 m, quase norte-sul; Como o centro de Xing-an para GongCheng é norte-sul da montanha do oceano, o cume principal da montanha Baojie é de 1936 m; oeste é uma ponte

Figura 1 Mapa geomorfológico da zona de Guilin

Cordilheira; a sul de Guilin, o grande Monte Yao estende-se quase de leste a oeste. O Monte Miao'er em Guilin é o pico mais alto do sul da China e também o pico principal das Montanhas Yuecheng, com uma altitude de 2.142 metros acima do nível do mar. A aldeia Dafa de Pingle está apenas 72 metros acima do nível do mar. A diferença relativa em relação a Guilin é de 2.070 metros. No nordeste do distrito de Ziyuan, existe o relevo de Danxia no nordeste e o relevo cársico no centro-sul.

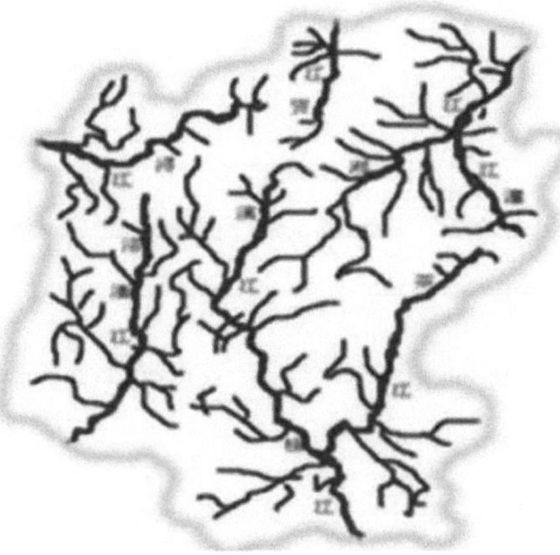

Figura 2 Distribuição dos seus principais rios em Guilin

Os principais rios são o Li, o Gui, o Guan, o Xiang, o Zi, o Luoqing, o Xun e o Chai, como mostra a Figura 2.

Rio Guilin Li: nasce nas montanhas Miao'er. Passa por Linchuan, pela cidade de Guilin, por Yangshuo, até Pingle, e finalmente desagua no rio Gui. O rio Li corre de norte para sul. Com belas paisagens de ambos os lados do rio Li, picos estranhos e reflexos na superfície do rio, é o mais belo sob o céu, tornou-se a via navegável dourada do turismo de Guilin e é também o cartão de visita do turismo de Guilin. O rio Li no condado de Pingle é chamado de rio Gui, e flui do condado de Pingle para o rio West e depois para o rio Zhu. O rio Gantangtang corre na parte superior do condado de Linchuan e o reservatório de Qingxitang é a principal fonte de água que corre para o rio Li em Guilin. Nos últimos anos, foram construídas três albufeiras (rio Little Rong, rio Chuan e rio Huzikou) no curso superior do rio Li, aumentando consideravelmente a capacidade de retenção de água deste rio.

Rio Zi: este rio nasce nas montanhas Miao'er, a norte, e atravessa o distrito de Ziyuan. De sul para norte, desagua no rio Zi, na província de Hunan.

Rio Xiang: os dois braços que dele derivam juntam as montanhas Miao'er e Haiyang e desembocam no rio Xiang, depois de se encontrarem com o distrito de Xingang, via Quanzhou, na província de Hunan.

Rio Guanyang: o rio está localizado principalmente no distrito de Guangyang. Nasce na zona rural de Guangying, no sul do distrito de Guangyang, e corre de sul para norte para se juntar ao rio Xiang em Quanzhou.

Rio Luoqing: um dos principais rios da parte ocidental de Guilin, nasce no condado de Linggui Wentian, corre para sul através da parte norte do condado central de Linggui e desagua no rio Liu quando corre para oeste através do condado de Yongfu.

Rio Cha: é um rio do distrito de Gongcheng, que nasce no norte da comuna de Guanyin, atravessa o distrito a sul e desagua no rio West, a oeste.

Rio Xun: o rio Xun está localizado no distrito de Lunsheng, nasce no distrito oriental de Ziyuan e é conhecido como o rio Wupai no distrito de Ziyuan, onde se situa o famoso rio de rafting no interior. O rio Xun corre de leste para oeste e desagua no rio Liu, na cidade de Liuzhou.

Rio Lipu : O rio Lipu está localizado no distrito de Lipu e nasce no distrito de Jinxiu, a noroeste da cidade de Laibin. O rio Lipu corre de noroeste para sudeste e desagua no rio Gui.

Rio Chaotian: o rio junta-se ao afluente Dajing no distrito de Lingchuan e ao afluente Haiyang no distrito de Haiyang, atravessa Daxw no distrito de Lingchuan e desagua no rio Li. A barragem de Xi'an, situada a montante do rio Chaotian, é a principal fonte de abastecimento de água para o turismo no rio Li.

Existem também numerosos rios e riachos de montanha de pequena e média dimensão, espalhados por diferentes distritos. Devido às montanhas e à água, à vegetação luxuriante e à bela ecologia, a região é muito popular entre os caminhantes.

Devido à sua topografia única e à riqueza das suas paisagens naturais, a cidade e os condados de Guilin desenvolveram as suas próprias atracções turísticas ao longo dos anos. Os principais destinos turísticos da cidade de Guilin e dos condados circundantes estão resumidos no quadro 1.

City (county)	characteristic tourism	Representative attractions
Guilin	Li-river landscape, grotto, historic culture	Li-river,Jingjiang King Mausoleum,Zenpi cave,two rivers and four lakes,grotto,park,
Ziyuan	Danxia,driftage,Ecology	8 corner stockade,Tianmen Mountain,Five rows river, Zi-river,Jinzi mountain wind farm
Quanzhou	Temple,Ecology,Tian lake	Xiang mountain temple,Tian lake,Three river mouth, Yanjing hot spring
Xingan	Red,Ling canal,play,Ecology	The red army memorial,Ling canal,Merry land,Maoer mountain
Guanyang	Yao king,Ecology,ancient dwelling	Thousand family village,moon mountain,Dongjing,stone forest,West mountain Taxus chinensis
Longsheng	Terraces, folk custom, hot springs	Longji Rice Terraces,Yao stockade, Dong stockade, hot spring
Lingchuan	Ancient dwellings, ecology	Daxv ancient town,ancient dwelling,Haiyang ginkgo, Goudon scenic spot
Lingui	historic culture, wet land	Li Zongren,Bai chongxi former residence,The flying tigers site, Huixian wet land
Yongfu	Long live culture,Ecology	Baishou cave,Feng mountain,Jinzhong mountain,Banxia lake,Jinji-river reservoir
Yangshuo	Landscape, famous town, KARST landform	Li-river,west street, Xingping town,park, moon mountain, hundred gallery, Liu sanjie performance
Gongcheng	Ecology,temple	Red crag village, DaLing peach garden,Yanzi mountain,Confucious' temple, Guanyu temple
Pingle	Gui-river,Ecology	Gui-river,Rongjing small-fruited fig tree,Xianjia hot spring, Shazi ancient town
Lipu	Karst caves, ecology	Fengyu cave,Yinzi cave,Tianhe waterfalls, Lipu-river gulf

Quadro 1: Caraterísticas da distribuição das atracções turísticas em Guilin

2.1 Classificação dos projectos turísticos em Guilin

O quadro 2 apresenta a repartição dos projectos turísticos em Guilin.

Classification	Mainly distributes	Representative attractions
Travel by boat	Guilin, Yangshou, Ziyuan, Pingle	Li-river,two river and four lake, Zi-river,Gui-river
historic culture	Guilin, Xingan, Gongcheng, Lingui, Yangshuo	Ming prince Mansion,Jingjiang king Mausoleum,Zenpi cave,Ling canal, The eighth route army offices,GuiHai forest of steles,The flying tigers relics park
farm village	Urban areas and counties	Zhufu insula, sugarbush stockade,flower intact,Maozhou insula
ecologial tourism	Urban areas and counties	Garden show pake, Zizhou,Huaping,Haiyang village, Ten-mile Gallery,
temple	Town, Quanzhou, Gongcheng, Lingchuan, Lipu	Masjid,Christianity church, Christian church,Nengren temple, Xiang mountain temple, Confucious' temple, Guanyu temple, Jin mountain temple, Goose quill temple
KARST geology	Town, Xingan,Yangshou, Guanyang, Lipu,Yongfu	Elephant Trunk Hill,Fubo mountain, Seven Star Cave, Reed Flute Cave, cap rock, Silver Cave, Lotus rock, stone forest, Century glacier, Sudong jingu
Entertainment	Urban, Xingan	Yuzi Paradise,Merry land,Liu Sanjie landscape garden,YuGui garden
Garden nursery	Urban,Yangshuo, Pingle	Yu mountain park, Xi mountain park, Hei mountain botanic garden, Yan mountain botanic garden, Yao mountain nursery, Baisha nursery
Drifting waterfall	Ziyuan, Yangshuo, Lingchuan, Lingui	Five rows river, Yulong river, Longjin river,Gudong falls, Nine horses mountain, twelve beach drift, Tian river, nine beach, Baoding waterfall

Mountain tourism	Ziyuan,Longsheng,Quanzhou,Xingan	8 corner stockade,Tianmen Mountain,Miaoer mountain, Jinzi mountain,Longji mountain,South mountain,Feng mountain,Sky lake, Zhenbaoding, Gudong,Jinzhong mountain,moon mountain,Huaping mountain
hot spring	Ziyuan,Longsheng,Quanzhou,Pingle	Danxia,Yanjin,Longsheng,Xianjia
historic building	Urban areas and counties	Baichongxi,Lizongren,Chenhongmou,Xubeihong,Tangjingsong former home; Daxv,Dongjin, Shazi, Xingping Fuli ancient town

Quadro 2 Distribuição primária de e em nome das atracções do projeto turístico

O desenvolvimento turístico de Guilin, já tem um bom modelo de que o projeto turístico está concluído, de acordo com a situação de Guilin, os projectos turísticos podem ser divididos em: passeios de barco, história e cultura, aldeia, atracções ecológicas, templos, KARST geológico, cascata, entretenimento, jardim de infância, rafting, turismo de montanha, fontes termais, estruturas arquitectónicas antigas (incluindo habitações antigas), etc.12 classes. Ziyuan Danxia County Relief 8 pontos turísticos de aldeia de canto, e Miao'er Mountain, Lunsheng Huaping são representados pelo projeto de reserva natural ecológica. Mais no centro da cidade, no condado de Pingle, as atracções da área de relevo KARST, onde há uma grande beleza de picos de montanhas e absurdas pedras e grutas KARST. Lunsheng campos de terraços Lunji é onde os turistas de casa e no exterior olhar. O parque de diversões de Xingang é um local de entretenimento famoso em Guangxi. E para caminhadas, apreciar as flores, recreação, escapar do calor do verão, actividades de turismo de lazer, bem como preferido pelos clientes.

2.3 Programa de turismo em Guilin

Adequado para o turismo de Guilin significa que tem todo o curso para se juntar à equipa de turismo, turismo de autoajuda, passeio de auto-condução, equipa de natação de destino, caminhadas, etc.

Todos se juntam a um grupo de turistas: Guilin é um local mais maduro para o desenvolvimento do turismo, onde existem cerca de vinte agências de viagens a todos os níveis. A adesão a um grupo de viagem é a primeira escolha dos turistas. Entre eles, as viagens em grupo também podem ser divididas em: Excursão de 1 dia com grupo, excursão de 2 dias com grupo... viagem de 7 dias em grupo. Os turistas podem escolher itinerários diferentes consoante o tempo de que dispõem e os seus interesses, e organizar a sua viagem de forma diferente. Turismo guiado com um guia ao longo do itinerário, que ajuda a organizar o alojamento e o transporte, a comprar os bilhetes de entrada, etc. Este tipo de turismo tem geralmente um ponto de vista oficial e mais famoso. Uma das caraterísticas deste tipo de viagem é a sua comodidade, mas não é gratuito.

Turismo autoguiado: se o visitante tiver tempo suficiente, pode escolher os seus próprios sítios e horários e, regra geral, viajar sem guia. Há também alturas em que os turistas têm pressa, podem escolher apenas alguns sítios representativos, arranjar tempo para os visitar e organizar tudo sozinhos. Esta viagem pode ser organizada através de locais comuns ou de sítios não oficiais. É típico escolher as atracções turísticas, comprar os bilhetes de entrada, encontrar alojamento, organizar os transportes e as refeições e tratar de tudo, mas os visitantes podem ser mais livres.

Excursão independente: condução autónoma, caminhadas durante a visita, geralmente excursões aos subúrbios e às montanhas, onde existem locais mais isolados para visitar. Estes podem ser locais turísticos convencionais, mas também atracções turísticas informais. A prioridade é dada às viagens independentes. Em geral, é necessário levar consigo familiares ou amigos numa viagem conjunta.

Destino de equipa de natação: entre todas as viagens de equipa de natação e as viagens independentes, os nadadores podem juntar-se temporariamente à equipa de turismo e escolher seletivamente um destino, ficando o resto do tempo livres para se organizarem. A caraterística deste tipo de turismo é uma maior liberdade e seletividade.

Caminhadas: Devido ao clima favorável de Guilin, à sua bela ecologia, às montanhas e aos rios, existem excelentes locais para caminhadas em todo o lado. As caminhadas não são apenas uma excelente forma de relaxar, mas também de praticar desporto. Tornou-se um projeto de viagem muito popular. É feita uma distinção entre caminhadas de um dia ( ) e caminhadas de vários dias. Uma caminhada de um dia é uma caminhada curta que permite aos caminhantes regressar ao fim de um dia e levar a sua própria comida e água. As caminhadas de vários dias requerem tendas e outro equipamento, o percurso é longo e a resistência dos turistas é posta à prova.

2.4 Visita guiada

Após os últimos anos de desenvolvimento e promoção, formou-se o seguinte percurso pedestre de qualidade com 20 produtos, aceitável para todos. O percurso pedestre de Guilin é apresentado no quadro 3.

Name	Lightspot	Location	Characteristic	Duration
Through Qianjiadong	Looking for the lost their homes	Guanyang	Through the birthplace of the Yao, into the remote mountain areas, test of perseverance	3d
Through Penzuping	Explore the Buddha's light flashes secret area	Longsheng	Rolling hills, ravines horizon, rich in natural vegetation, visible Pengzu Buddha's light	3d
Through Motianling	Into the green sea	Xingan	High hills meadow, vegetation cover, the beautiful mountain scenery	1d
Through Huaping	Lost in austral waterfall of the township	Longsheng	Mountains, the waterfall, forest vegetation protection is very good	2d
Hiking Baoding	The pilgrims journeyed	Ziyuan	Such as Yinchuan stone, Baiyun cave, buddhist resort	1d
Hiking Zhenbaoding	the spectacle on Yuecheng mountains	Quanzhou	South China the second peak, the mountains lakes, Sky lake	2d
Hiking Maoer mountain	Walking at the top of the south China	Xingan	On the top of the five ridges, utmost of south China	1d

Hiking natural bridge	The magic tour of the Xiang-river source	Xingan	Wonders, unique in the world "natural arch group is arches with huge stone mountain, across a cottage on the river	2d
Hiking Xiang-Gui ancient trade load	Listen to the history of silence	Lingchuan	Basic completely retained the ancient part of "Xiang-Gui channel", along the ancient trade of villagers, mostly ancient customs saved	1-2d
Hiking Li-river	Feel the most beautiful scenery	Guilin	There are infinite scenery all the way,and there are many famous attractions, let you zero distance contact with Li-river on foot	1d
Hiking two rivers and four lakes	Feel the beauty of Guilin	Guilin	The beauty of the rivers and mountains all sorts of feelings well up in one's mind. Night lights bright, beautiful, wonderful .	0.5d
Hiking Yulong-river	Feel the natural style of primitive simplicity	Yangshuo	Can feel the natural style, full of verve spots along the river	0.5d
The ancient stone citadel	through Xingping trip	Yangshuo	Is currently one of the most well preserved ancient city in Guangxi	1-3d
Hiking from Zhengyi to Sanjie	Feeling the landscape beauty	Lingchuan	Walk between landscape of mountain and water	1d
Hiking Hua-river	Feel the pastoral scenery	Lingchuan	Walk between rural landscape	0.5d
Walk the eight immortals cave	Feel the wetland landscape explore	Lingui	there are mountain in the lake , scenery in the cave,it created a magical scenery of fairyland on environment is very beautiful	0.5d
Hiking Hou mountain	Road to travel around ancient path	Guilin	The height of the rock hill of Hou mountain is ranked first in Guilin City	0.5d

lake			man's world.	
Hiking on peach blossom	Feel the pastoral scenery	Lingchuan	on both sides of the river, the mountain are under well, fields is beauty as embroidery	0.5d
Hiking Lan	Go out holes and	Lingui	There are thick trees, the	0.5d
Hiking Yao mountain	Travel agent sites, Overlooking the city	Guilin	The highest mountain in Guilin city,at the mountains look at Guilin, just as a landscape painting	0.5-1d

Quadro 3 20 percursos pedestres maduros em Guilin

2.5 Guilin observa o turismo de flores

Guilin é uma bela zona ecológica com muitas plantas e flores ornamentais. Todas as plantas ornamentais têm caraterísticas diferentes ao longo do ano. O governo de Guilin adere ao conceito de desenvolvimento "flores da primavera, verão fresco, frutos do outono e neve do inverno" e orienta deliberadamente os agricultores e as empresas no sentido de desenvolverem plantas e flores ornamentais para as quatro estações do ano em grande escala e criarem uma festa de turismo, relaxamento e prazer floral. Após anos de esforços, Guilin começou agora a apreciar a vista das flores e as atracções de lazer.

flowering plants	site	view time	characteristic
oriental cherry	Nanxi mountain park, Pingle huangniu village	March to April	Distance looking, like a cloud floating in the sky, appears around the branches of the mist; when approached the flowers that fall into aromatic flower ocean.
peach blossom	Gongchen,Lingchuan,Guilin,etc.	February to March	Peach blossoms is the best spring spokesperson probably,it is bright-colored and beautiful

golden camellia	Yu mountain park,Xingan Merryland	February to March	Gold scented tea is very precious, is known as "plant kingdom of giant panda"
rape flower	All city	February to March	Spring of Guilin is a sea of flowers everywhere
agnolia flower	urban parks	March to April	The city fragrant, added a new beautiful scenery of Guilin.
azalea	Parks,Maoer mountain	March to April	As rosy clouds around the forest, very beautiful
tulip	ZiZhou park	February to March	Beautiful Flower Child Lunlun
corn poppy	Guilin Garden expo park	April to May	Corn poppy has beautiful petals, like poppy flowers, colorful piece plant scenery in the park is very pleasant
pear flower	Guanyang	February to March	White pear and pink peach blossom hand in photograph reflect, formed a pear falling flowers
lotus	Xishan park,Huixian wetland park	June to September	Near sky endless blue lotus, video on lotus red
Osmanthus fragrans Lour	Guilin around	eptember to October	The golden autumn season, Guilin city osmanthus fragrance
bougainvillea speetabilis	Guilin around	April to October	Flowering expertise, gorgeous much appearance
galsang flower	suburban area	May to October	The flowery ocean,
gingko	Lingchuan,Xingan	October - December	The golden leaves, yellow sea
red maple	downtown	October - December	The red leaves bring tourists happy mood

Quadro 4: Principais flores ornamentais de Guilin

2.6 Visita autoguiada a Guilin

Com o rápido aumento da propriedade de automóveis particulares, o turismo autónomo tornou-se moda.

A rede de auto-estradas de Guilin é particularmente favorável, da cidade para os condados é a carga de primeira classe ou autoestrada, os turistas podem levar 2 horas para cada condado, o tráfego confortável, oferece condições para a auto-viagem. Nos últimos anos, Guilin tornou-se o jardim turístico de Guangdong. Nos feriados e mesmo nos fins-de-semana, muitos provincianos e citadinos deslocam-se a Guilin com os seus automóveis, principalmente da província de Guangdong. Nos dias feriados, as principais atracções de Guilin, especialmente nas zonas urbanas e no condado de Yangshuo, estão sempre cheias de carros de turismo. Os cidadãos da cidade nos fins-de-semana, feriados, pessoas que conduzem, conduzem no campo também são muito populares, os turistas que conduzem sozinhos o turismo de Guilin são clientes importantes.

2.7 Viagens em rede online para Guilin

A rede de viagens em linha refere-se à forma como a rede permite aceder e reservar produtos de viagem e, através da rede, partilhar experiências turísticas ou de viagem. Desta forma, os turistas podem poupar custos, tempo e dinheiro e obter uma melhor experiência de viagem, nos últimos anos o rápido desenvolvimento da Internet + viagens, gradualmente uma nova maneira para os visitantes estão interessados em viajar. Os turistas optam por viajar à custa da Internet e do tempo de viagem, contactam o alojamento em hotéis, compram bilhetes de ida e volta, o que torna a viagem na Internet muito conveniente.

Capítulo 3

3 O clima em Guilin e o seu impacto no turismo

Com o rápido desenvolvimento da economia nacional e a melhoria do nível de vida das pessoas, a procura de viagens está a aumentar. Os recursos climáticos do turismo nas regiões estão a atrair cada vez mais atenção. Os cientistas envolvidos começaram a prestar grande atenção ao estudo dos recursos climáticos do turismo, e a climatologia do turismo está a começar a amadurecer [1]. Na sua monografia, Wei Fengyun apresenta uma panorâmica da investigação sobre o clima do turismo na China de 2001 a 2007[2] e resume os progressos da investigação sobre o estado atual da investigação sobre o clima do turismo na China. Yang Shanying[3] estudou em pormenor a influência do clima nas actividades turísticas. Considera que os recursos climáticos são muito importantes para o turismo, a fim de escapar ao frio e evitar o calor do verão, e que a recuperação dos recursos climáticos para o turismo tem um grande poder de atração sobre os turistas. Zhang Fuqing[4] efectuou uma análise exaustiva das caraterísticas dos recursos climáticos turísticos de Nanchang e do seu impacto na indústria do turismo, com base na teoria da climatologia do turismo, e propôs que se utilizassem plenamente as caraterísticas das alterações sazonais e as vantagens climáticas, que se racionalizasse o desenvolvimento do turismo e dos recursos climáticos e que se promovesse o desenvolvimento sustentável da indústria do turismo de Nanchang. Guo Jie[5] considera que o tempo ou o clima é uma componente importante do ambiente turístico, sendo também um tipo de recursos turísticos importantes. O clima e as actividades turísticas das pessoas estão direta ou indiretamente relacionados, o que influencia o desenvolvimento do turismo. Cao Hui[6] e outros consideram que o clima influencia todas as actividades turísticas ao ar livre e que a sua influência pode ser dividida em dois aspectos principais: em primeiro lugar, as condições climáticas afectam o ambiente turístico e a qualidade do turismo para a participação dos turistas, o que tem um efeito positivo ou negativo nas actividades turísticas, como a chuva, o granizo, etc. Em segundo lugar, as catástrofes climáticas podem destruir o ambiente turístico e a qualidade do turismo para a participação dos turistas, o que tem um efeito positivo ou negativo nas actividades turísticas. As catástrofes meteorológicas podem destruir a paisagem natural e prejudicar a experiência de viagem dos turistas. Qingchun Liu[7] considera que o clima tem uma grande influência no corpo humano e é um fator importante nas actividades turísticas das pessoas. É por isso que a avaliação do conforto climático nas zonas turísticas é particularmente importante. Para além da influência do clima na saúde humana, a avaliação do conforto climático nas zonas turísticas não só fornece uma base meteorológica científica para o desenvolvimento do turismo, como também ajuda os operadores turísticos a organizarem as actividades e os turistas a escolherem o momento e o local adequados, obtendo assim maiores benefícios económicos e sociais.

As condições climáticas são um fator necessário para o desenvolvimento do turismo regional e uma questão importante que os organismos de turismo devem ter em conta na implementação de um plano de actividades turísticas. As vantagens e desvantagens das condições climáticas têm um impacto direto nas actividades das pessoas. Os turistas escolhem sempre a melhor altura para viajar e as condições mais agradáveis para o turismo, pelo que o grau de conforto do clima turístico é o principal fator que influencia as variações sazonais do número de passageiros, e as alterações climáticas também contribuem para a formação de épocas turísticas baixas e altas. Existem vários estudos sobre o conforto climático turístico, que utilizam diferentes métodos de cálculo do conforto [8-12], mas todos eles consideram que o algoritmo de cálculo do conforto climático em diferentes condições climatéricas deve ter em conta as caraterísticas climáticas locais e considerar a capacidade de adaptação das pessoas ao clima local.

A avaliação global e o desenvolvimento dos recursos climáticos é uma tarefa importante para desenvolver o turismo de forma sensata. Guilin é um destino turístico internacional famoso, pelo que o estudo dos recursos climáticos turísticos em Guilin é muito importante. As diferentes regiões devem, de acordo com as suas caraterísticas climáticas locais, utilizar racionalmente os recursos climáticos do turismo, desenvolver projectos turísticos.

3.1 Recursos climáticos de Guilin

Guangxi faz parte da zona climática subtropical de monção, com quatro estações e ricos recursos climáticos. Guilin situa-se no nordeste de Guangxi. O corredor ferroviário de Xiang Gui é o principal canal através do qual o ar frio entra em Guangxi. O clima local é único, pois as montanhas e colinas circundantes sobem e descem e os rios cruzam-se. Em Guilin, há muito calor, chuvas abundantes e muito sol. Na maior parte do tempo, o clima é excelente, mas a chuva e as baixas temperaturas, a seca, as inundações, o granizo, os ventos fortes, as trovoadas, a geada e as vagas de frio são também mais comuns.

county	average wind velocity	prevailing wind direction	extreme wind speed	average temperature	total rainfall	number of thunderstorm day	The fog days
Ziyuan	2.0m/s	N	40.0m/s	16.5°C	1736mm	58.9d	46.4d
Quanzhou	2.9	NE	22.3	17.9	1563	62.6	5.9
Xingan	2.6	NNE	21.0	17.8	1875	68.8	4.1
Guanyang	2.2	N	20.5	17.8	1549	58.7	8.2
Longsheng	1.9	SSE	28.0	18.2	1558	61.3	34.5
Lingchuan	2.7	ENE	21.5	18.8	1995	63.8	3.4
Lingui	1.9	NE	19.8	19.3	1905	72.4	4.3
Yongfu	1.8	N	15.0	18.9	2009	70.0	11.4
Yangshuo	1.3	NW	19.0	19.3	1596	68.1	5.0
Gongcheng	1.7	N	19.0	19.8	1510	69.5	1.5
Pingle	1.3	SE	18.4	20.0	1400	68.9	17.2
Lipu	1.3	N	18.1	19.7	1396	65.2	15.2
Guilin	2.5	NNE	18.3	18.9	1921	69.9	4.0

Quadro 5 Dados climáticos relativos a Guilin e 12 distritos nos últimos cinco anos

3.2 Temperatura e seus efeitos

A temperatura média anual na cidade de Guilin e nos seus distritos situa-se entre 16,7 e 20,1°C. A temperatura média anual é mais baixa no condado de Ziyuan, a norte, e mais alta no condado de Pingle, a sul. Existem quatro estações distintas. Em janeiro, a temperatura é a mais baixa, com uma temperatura mínima extrema de -8,4°C no distrito de Ziyuan, enquanto no centro e no sul de Guilin, a temperatura mínima extrema é de 0°C ou mais. Em julho, a temperatura máxima foi de 38,3-40,6°C; nas regiões montanhosas de Ziyuan e Lunsheng, a temperatura máxima raramente ultrapassa os 38°C; em Quanzhou, Gongcheng e Pingle, ronda os 40°C. No entanto, os dias de frio ou de temperaturas elevadas não são muito longos. Há quatro estações no ano, e as variações das temperaturas quentes e frias têm uma grande influência no desenvolvimento do turismo. Ao longo das quatro estações, formam-se diferentes paisagens naturais

As estações do ano, as flores da primavera, o sol do verão, as folhas verdes claras e vermelhas, as montanhas do outono e o gelo do inverno, as montanhas de neve, etc.

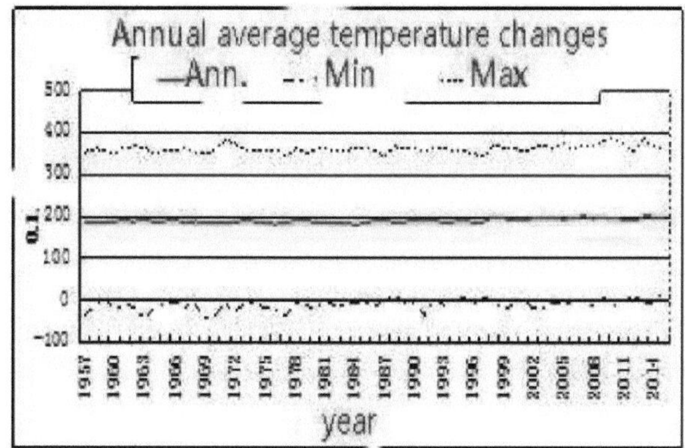

Fig 3 Distribuição da temperatura em Guilin

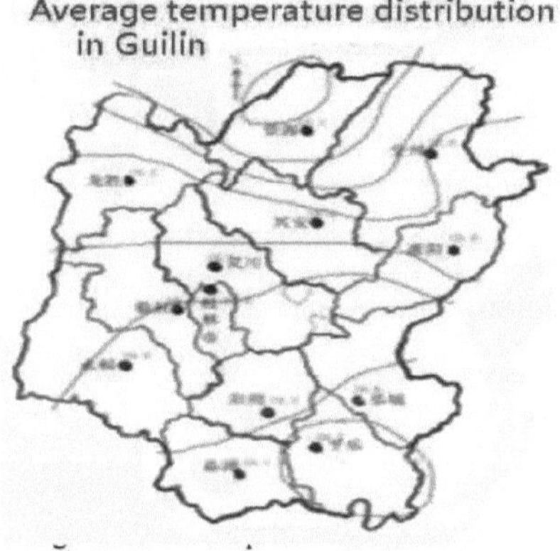

Fig 4 Mudanças de temperatura em anos (alta\média\low)

O clima quente e as muitas horas de sol deram origem a uma série de destinos de férias únicos. O crescimento das plantas depende de determinadas condições de temperatura. O turismo hortícola moderno é muito popular e a floração das plantas é um reflexo das variações de temperatura. No início da primavera, quando a temperatura média em Guilin é consistentemente superior a 12°C, a colza começa a florescer, enquanto os lótus precisam de cerca de 20°C para abrir. Para a tavolga, o ginkgo, o sumagre, o ácer e a folhagem vermelha, a temperatura tem de descer abaixo dos 12°C. Guilin é famosa pela sua floresta de osmanthus. A floração do osmanthus é muito sensível à temperatura e, por volta de meados do outono, influenciada pelo ar frio, começa a florescer.

A temperatura desceu abaixo dos 12°C. Dentro de alguns dias, quando a temperatura voltar a subir e o sol brilhar, as flores de osmanthus abrir-se-ão lentamente.

As variações extremas de temperatura (temperaturas altas e baixas) são também catástrofes meteorológicas que afectam o turismo. No caso das temperaturas elevadas, o valor crítico é de 35°C. Principais consequências: redução da disponibilidade dos visitantes, insolação e até perigo de morte, nomeadamente para as pessoas de meia-idade e idosas. Os visitantes devem tomar certas medidas: evitar viajar nos dias e horas em que as temperaturas são elevadas e optar por medidas de arrefecimento no verão. As temperaturas elevadas podem também ter um impacto na escolha do destino. Durante a época de temperaturas elevadas, os turistas tendem a escolher um destino de verão, uma vez que há mais montanhas ou desfiladeiros florestados em Guilin e muitos turistas concentram-se nestes destinos em cada verão. Nas baixas temperaturas, o valor crítico é de -5C. Principais consequências: Perturbação da vontade de viajar dos turistas e do funcionamento dos sítios turísticos, bem como danos nos equipamentos dos sítios turísticos e instalações conexas. O impacto na paisagem turística ecológica de Guilin é significativo, uma vez que as baixas temperaturas afectam o crescimento das plantas e a paisagem e influenciam a disponibilidade dos turistas para viajar. Principais medidas a adotar: aplicar anticongelante atempadamente e adaptar o programa de viagem às condições meteorológicas.

3.3 Humidade do ar e seus efeitos

A humidade relativa varia entre 67% e 84% em todos os distritos, sendo mais baixa no outono e no inverno. A humidade na cidade de Guilin é mais baixa do que nos distritos circundantes. Com o vento sul em março e abril, a humidade relativa aproxima-se dos 100%. O vento sul traz muito vapor de água, o que faz com que as portas, janelas e paredes fiquem muito húmidas. Mas de setembro a dezembro, sob a influência do ar frio e seco do norte ou sob o controlo da alta pressão subtropical, a humidade em Guilin pode descer para 10% ou menos e o tempo torna-se muito seco.

Station	1	2	3	4	5	6	7	8	9	10	11	12	Year
Ziyuan	79	82	83	84	84	84	81	83	81	81	80	78	82
Quanzhoui	77	81	82	83	82	81	75	77	75	75	75	73	78
Longsheng	78	79	80	82	83	84	83	84	81	80	79	77	81
Xingan	77	81	82	84	82	82	80	79	76	75	74	73	79
Guanyang	77	80	81	82	81	81	76	77	75	75	75	74	78
Lingchuan	72	77	79	82	81	82	80	79	72	70	69	68	76
Guilin	72	76	79	82	80	81	79	79	73	71	70	69	76
Lingui	73	75	78	81	80	81	80	79	72	70	68	68	76
Yongfu	77	79	82	83	82	83	80	80	76	75	75	75	79
Gongcheng	73	77	79	81	80	79	76	77	71	69	69	69	75
yangshuo	78	81	83	84	83	83	79	80	77	76	77	75	80
Pingle	76	79	81	81	81	80	76	78	75	73	75	75	78
Lipu	78	81	82	82	82	81	77	79	77	75	76	76	79

Quadro 6 Humidade em Guilin em cada mês (%)

Como a humidade do ar é relativamente estável, existem poucas diferenças entre as diferentes estações. Em geral, a humidade do ar adapta-se ao corpo humano, mas quando a humidade é elevada e o tempo está quente, as pessoas sentem muito calor; no tempo frio, podem sentir muito frio. No tempo húmido, a humidade é elevada e todo o corpo se sente mal. Quando a humidade é elevada, a estrada está molhada e os visitantes podem cair facilmente, o que tem repercussões na segurança dos turistas. Quando a humidade nas montanhas é elevada, o nevoeiro também se pode formar facilmente, o que aumenta a vista das montanhas, as nuvens rolam para cima, o que também reduz a visibilidade nas montanhas. Algumas caraterísticas turísticas de plantas como o fruto da Momordica são muito húmidas como as montanhas enevoadas, pelo que é fácil crescer nesta região montanhosa.

3.4 Precipitação e seus efeitos

A precipitação média anual em Guilin é de 1300-2000 mm, o que faz dela um dos centros mais húmidos de Guangxi. Os quatro distritos do sul recebem menos precipitação, os distritos do norte e do centro recebem mais, e o distrito de Yunfu é o mais húmido da cidade. Contudo, como Guilin é influenciada pelo clima de monção, as estações seca e húmida são muito marcadas. Guilin regista a sua maior precipitação de maio a julho. As chuvas fortes e os aguaceiros torrenciais que duram vários dias são a principal causa das inundações na cidade. Cerca de 3 a 4 vezes por ano, Guilin regista inundações graves. Durante as estações do outono e do inverno, a precipitação em Guilin diminui consideravelmente e ocorrem diferentes tipos de seca. Como muitas actividades turísticas se realizam ao ar livre, a precipitação tem um impacto importante no turismo. É impossível sair completamente da água, especialmente quando se faz passeios de barco no rio Li, no rio Zi, no rio Wupai, rafting no rio Yulong e visitas a certas cascatas.

O impacto da precipitação no ambiente ecológico divide-se em aspectos positivos e negativos.

Os aspectos favoráveis são os seguintes: A composição e a sobrevivência da biodiversidade devem beneficiar de certas condições de precipitação. A precipitação para o programa de excursões aquáticas de Guilin proporciona condições para os recursos hídricos, tais como a excursão de barco pelo rio Li, a excursão à deriva pelo rio Wupai, a excursão às cascatas e aos reservatórios, os recursos hídricos são as principais condições para o programa. Uma boa precipitação pode também criar paisagens nubladas e enevoadas no rio e nas montanhas. Um exemplo: a chuva nebulosa no rio Li parece esconder uma paisagem que se assemelha a certas pinturas de paisagens chinesas. O fenómeno da luz de Buda é visível quando a humidade do ar corresponde às condições. A precipitação elimina os poluentes, a visibilidade é melhor, o ar é mais fresco e o efeito decorativo da viagem é reforçado.

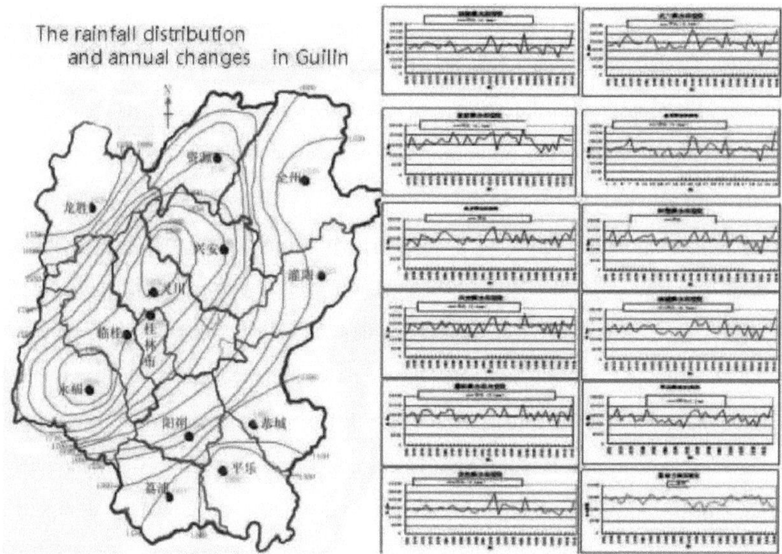

Fig.5 Distribuição da precipitação média anual em Guilin e distribuição da precipitação anual por estação. A variação da precipitação em 12 distritos durante um ano é apresentada à direita.

A precipitação afecta o turismo: a seca hidropénia a água do rio, a deriva do barco e a deriva é incapaz de conduzir adequadamente, a forma do outono para a estação de precipitação de inverno Guilin é menor, a seca geralmente ocorre, Guilin Golden Waterway - Li atrações do rio sofreram devido à falta de água. A seca pode provocar a falta de água nas cascatas, o que afecta o interesse turístico, a seca provoca o crescimento das plantas e, simultaneamente, afecta diretamente o ambiente ecológico, especialmente o ambiente ecológico das zonas húmidas. A seca severa provocará a hidropenetração das fontes termais, o que afectará o turismo nas fontes termais. Além disso, as florestas secas, abertas e cénicas apresentam um elevado risco de incêndio. Em 3 de abril de 2012, deflagrou um incêndio na montanha Yao de Guilin, uma área de mais de 20 hectares [2] e destruindo gravemente a paisagem natural deste local cénico. Em 20 de novembro de 1996, ocorreu um incêndio igualmente grave.

As chuvas fortes provocam frequentemente inundações e alagamentos dos rios, impedindo as actividades turísticas normais. As inundações durante as caminhadas ou as visitas às montanhas em estado selvagem causam danos importantes. As chuvas intensas e persistentes provocam também frequentemente quedas de rochas e fluxos de detritos, formando pedras rolantes e afins.

Catástrofes. Deslizamentos de terras no condado de Quanzhou em maio de 2011, que soterraram 21 pessoas; em abril de 2015, os locais turísticos de Guilin Dichai Hill devido a chuvas persistentes que provocaram a formação de rochas soltas, que correm rio abaixo já custaram a vida a muitos turistas que viajavam ao longo do rio Li. abril a julho é a principal época de inundações em Guilin, com chuvas concentradas e frequentes deslizamentos de terras nos condados de Lunsheng e Ziyuan, causando perturbações no trânsito. Em 11 de agosto de 2014, as chuvas causaram deslizamentos de terras no condado de Lunsheng, na região cénica da Espinha Dorsal do Dragão, as estradas ficaram cortadas e 400 a 500 turistas ficaram retidos durante três dias nesta zona cénica. A chuva intensa pode arrastar instalações turísticas, inundar a paisagem e afetar seriamente o desenvolvimento de projectos turísticos. A chuva também pode impedir que alguns dos principais locais de entretenimento ao ar livre funcionem normalmente, com os principais parques temáticos de Guilin, como o Xingan Merryland, o Loushan Lake Park, o Yugui Park, etc., frequentemente encerrados devido à chuva. A impressão de Yangshuo é que o espetáculo ao ar livre de Liu Sanjie, quando chove muito e o espetáculo é interrompido, os turistas ficam desapontados.

3.5 O impacto de um dia de chuva em Guilin no turismo

Nas cidades e condados de Guilin, o número de dias de chuva varia de 161 a 189 por ano, com um pico de precipitação de março a maio (cerca de 20 dias por mês) e um mínimo de setembro a dezembro (apenas 10 dias de chuva por mês). As chuvas fortes ocorrem entre 14 e 22 dias por ano, e as chuvas intensas de outono entre 3 e 8 dias por ano.

Distribuição anual da precipitação

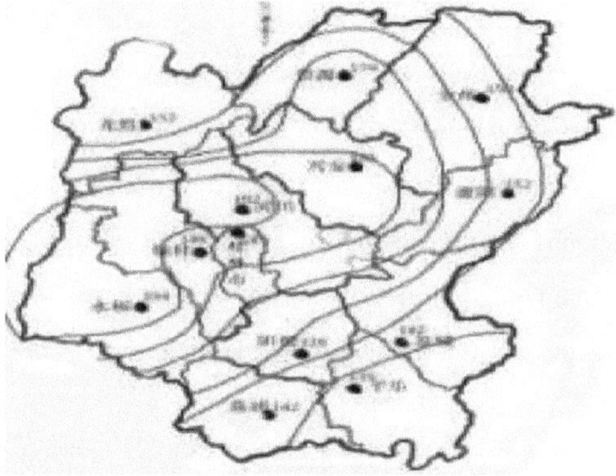

Figura 6 Distribuição dos dias de chuva em Guilin (>0,1 mm)

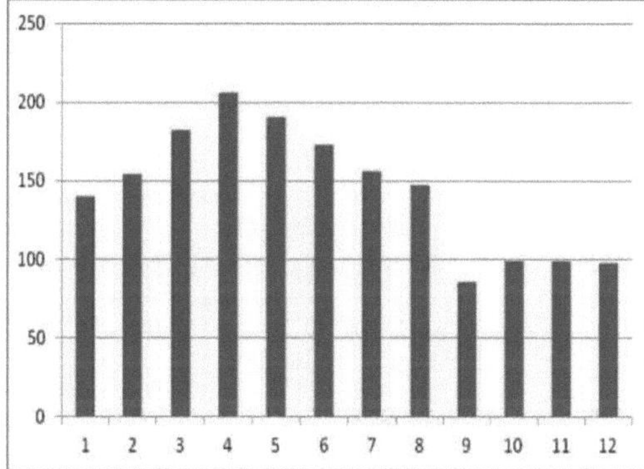

Figura 7 Dias de chuva em Guilin por mês, (0,1 dias)

3.6 A luz solar e a sua influência

A variação da duração da exposição solar em Guilin é evidente ao longo das quatro estações, com a exposição solar a atingir mais de 2000 horas em alguns anos de pico, sendo o mínimo de apenas 1200 horas noutros anos, com uma diferença de quase 800 horas entre os anos de pico e de mínimo. De fevereiro a abril, o tempo de sol em Guilin é mais curto e de julho a setembro é mais longo. A duração do sol é menor nas regiões montanhosas e maior nas planícies.

Todos os seres vivos dependem do sol, e a luz solar é essencial para o crescimento das plantas. Assim, a influência da luz solar no ecoturismo é óbvia. As flores de Osmanthus e outras plantas com flor necessitam de determinadas condições de luminosidade. O impulso, há muito esquecido, de viajar num dia de sol é particularmente forte quando está sol. Em comparação com o tempo nublado e com pouca luz solar, o desejo de viajar fica seriamente comprometido. Uma iluminação adequada é também um pré-requisito importante para o reflexo do rio Li. Em pleno verão, com sol forte, as viagens ao ar livre podem ser danificadas pelos raios ultravioleta e pela insolação, situação desfavorável para as actividades turísticas de alta intensidade de montanhismo. Desde que a luz do sol, através da refração atmosférica, dispersão, tal como a combinação, pode criar num determinado local alguns fenómenos climáticos ópticos estranhos, tais como arco-íris, nuvem vermelha, luz de Buda, etc. Para os entusiastas da fotografia, Guilin é o destino mais popular. No topo do Monte Mao'er e do Monte Yao, as pessoas podem ver o nascer do sol, quando o sol vermelho se eleva sobre o horizonte oriental, a força do novo dia tem uma

sentirá um estranho arrepio. Ao ver o pôr do sol no cimo da montanha, surge inevitavelmente a tristeza do pôr do sol: "O pôr do sol é infinitamente bom, só que mais perto ao fim da tarde".

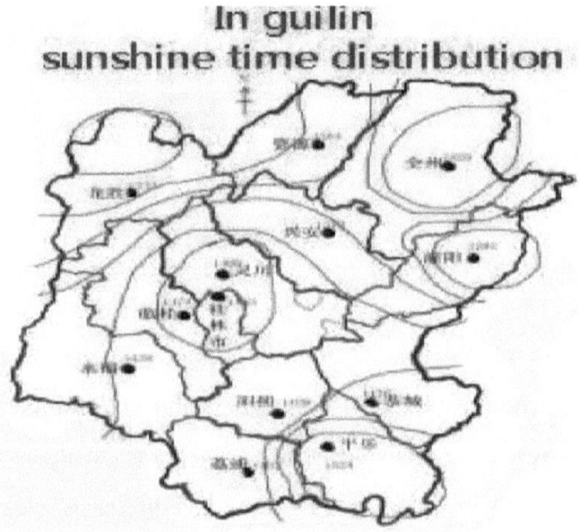

Fig. 8 Número médio anual de horas de sol

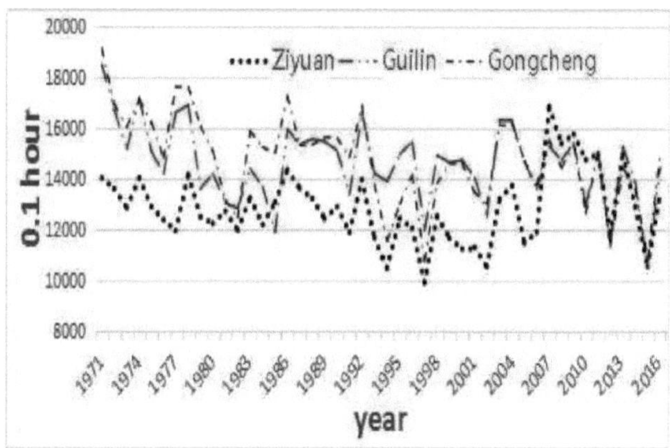

Fig.9 Estações no norte, centro e sul de Guilin sobre a variabilidade do clima solar em Guilin ao longo do ano

3.7 Vento e influência

A velocidade média do vento nos vários distritos de Guilin situa-se entre 1,3 e 2,9 m/s, com velocidades mais elevadas na parte centro-norte de Guilin e mais baixas na parte sul. Guilin tem muitas montanhas com cerca de 1.500 m de altitude. Estas montanhas são menos ventosas devido à sua elevada altitude e as velocidades do vento são mais elevadas durante todo o ano, proporcionando boas condições geográficas para a energia eólica. Entre o final da primavera e o início do verão e do outono, Guilin é frequentemente palco de trovoadas de curta duração, com velocidades do vento de 15-20 m/s e mesmo 30 m/s. Trata-se de um clima catastrófico para o turismo, a vida local e a produção. Devido ao rápido desenvolvimento da cidade, com a construção constante de grandes edifícios e moradias, a cidade tem desempenhado um certo papel no bloqueio do vento, o que reflecte a tendência da velocidade do vento para a baixa.

O vento é um dos elementos meteorológicos e pode ser dividido em direção e velocidade do vento. O vento tem uma certa influência no turismo em Guilin. Nos dias de primavera, o vento sul traz muito vapor de água do Mar da China Meridional, a sul da cidade de Guilin, e a humidade relativa da paisagem é superior a 90%, quer se trate de atracções turísticas, de centros comerciais ou de alojamentos em hotéis, tudo está molhado, a estrada está escorregadia, é fácil escorregar e cair. Nos dias de vento do norte, é relativamente seco, pelo que os turistas se sentem relativamente confortáveis. Devido à localização geográfica particular de Guilin, por exemplo, por causa do corredor ferroviário de Xiang Gui, a direção dominante do vento é o norte. A velocidade do vento é mais elevada de Quanzhou para o município de Guilin. A velocidade do vento tem um impacto maior no turismo. Em primeiro lugar, os ventos fortes podem facilmente provocar catástrofes que afectam sobretudo o tráfego turístico, as instalações turísticas e a destruição da paisagem natural. No verão e no outono, os ventos de tempestade em Guilin podem frequentemente constituir um perigo grave para o tráfego turístico. Na noite de 9 de abril de 1985, às 23h17, a velocidade do vento era de cerca de 31,9 m/s. No Parque das Sete Estrelas, foram destruídos edifícios de cimento, com danos no valor de 50 000 a 6 000 yuan. Em Moon Hill, uma árvore de 20 m de altura foi arrancada juntamente com uma planta de 40 cm de diâmetro. Em 18 de julho de 1985, o rio Li desceu a montanha dos nove cavalos ao lado de ventos tempestuosos repentinos, causando um acidente de capotamento. Devido à sua forma peculiar, o rio Li é facilmente afetado por ventos tempestuosos no verão, o que afecta grandemente a segurança dos turistas. Os ventos fortes provocam a queda de algumas árvores e painéis publicitários, o que também tem um impacto negativo na segurança dos peões.

Em caso de ventos fortes (nível 5-6), o complexo de lazer aquático e de escalada deve ser encerrado; em caso de ventos fortes (nível 7 e superior), a área de recreio ao ar livre deve ser encerrada. A velocidade do vento é demasiado baixa (<2 m/s) ou inferior não favorece a melhoria do habitat humano, é má

O estado de ventilação deve-se simplesmente à acumulação de actividades humanas, poluentes atmosféricos, nevoeiro, aumento do clima, o que afecta as pessoas que viajam. Com o desenvolvimento da sociedade, a vida das pessoas também aumenta a preocupação com o microclima local, os visitantes não escolherão destinos turísticos com pouca ventilação. A velocidade adequada do vento é útil, especialmente no verão para caminhar, num dia fresco, se a velocidade do vento for adequada, pode fazer com que a pessoa se sinta mais fresca em geral. Se a velocidade do vento for mais elevada, pode também purificar o ar ambiente, sendo menos provável a ocorrência de dias com fumo. O desenvolvimento e a utilização dos recursos eólicos tornaram-se a estratégia de desenvolvimento energético do país, a montanha Guilin Yuecheng, a montanha Haiyang, a uma altitude de cerca de 1700 m acima do nível do mar, a velocidade anual do vento é de cerca de 4 a 7 m/s, é um bom local para a produção de energia eólica. Nos últimos anos, a construção de parques eólicos já começou no condado de Ziyuan, na planície de Shili, no condado de Xingan, na montanha Motan, no condado de

Guanyang, na montanha Haiyang, no condado de Quanzhou, no lago Sky, na montanha Nan do condado de LongSheng, na montanha Yangtze do condado de Gongcheng, etc. Com a construção de parques eólicos, a estrada da montanha, o turismo em novos parques eólicos tornou-se uma nova escolha para os turistas.

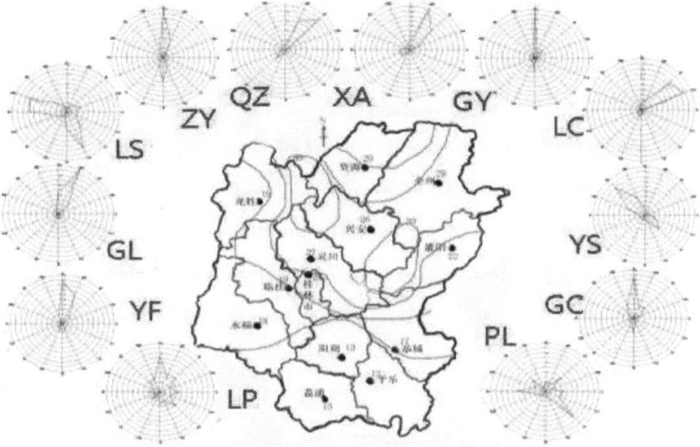

Figura 10 Velocidade média anual do vento em Guilin e estações de rosa dos ventos

As catástrofes meteorológicas no turismo

Os principais tipos de mau tempo em Guilin são: baixas temperaturas na primavera e no outono; tempestades, inundações, granizo, vendavais e trovoadas na primavera e no verão; vento sul, tempo húmido na primavera; seca no outono e no inverno; vento frio, geada e frio intenso no inverno, etc. Outras catástrofes causadas por granizo, vento, temperaturas elevadas, nevoeiro e neblina, etc., têm também algum impacto nas actividades turísticas locais. Guilin é uma região onde as trovoadas são muito frequentes, com uma média de 76 dias de trovoadas, e mesmo mais de 100 dias por ano, sendo os danos causados pelos raios cada vez mais significativos. Estas catástrofes meteorológicas afectam as actividades turísticas em Guilin.

3.8 Aguaceiros

As tempestades pluviais ocorrem principalmente de abril a julho, todos os anos há 4 a 10 dias de chuva intensa em Guilin, o número máximo de dias de chuva intensa foi de 20 dias em 2015. A precipitação mais intensa ocorreu em 22 de junho de 1966, no distrito de Yunfu, onde caíram 420,2 mm de chuva. As chuvas intensas provocam frequentemente catástrofes geológicas, como deslizamentos de terras e de lama, nomeadamente de ambos os lados da estrada que liga Guilin a Ziyuan, na região montanhosa de Lunsheng.

3.9 Seca

A seca é uma catástrofe meteorológica que ocorre quase todos os anos em Guilin, com maior intensidade no sul e menor no norte. Ocorre no verão, no outono e no inverno, mas quase nunca na primavera. Depois de meados de julho, a precipitação em Guilin diminuiu consideravelmente e a cidade tornou-se muito vulnerável à seca. O pior de tudo é que não choveu durante três meses consecutivos, a produção e o abastecimento de água foram gravemente afectados, o ambiente ecológico foi gravemente prejudicado e o ecoturismo sofreu.

3.10 Vento

As trovoadas da primavera e do verão provocam frequentemente a queda de árvores e a destruição de painéis publicitários, afectando também consideravelmente os barcos turísticos no rio Li, em Guilin. No inverno, os ventos frios provocam frequentemente uma vaga de frio que pode ser desagradável para os turistas. Ao mesmo tempo, o vento pode facilmente fazer com que certos projectos turísticos não sejam seguros no ar.

3.11 Relâmpagos e trovões

A região de Guilin é uma das zonas onde os relâmpagos e trovões são frequentes, pelo que todos os anos ocorrem catástrofes provocadas por relâmpagos. Entre o final da primavera e o outono, a época dos relâmpagos é propícia. Como as medidas de proteção contra os raios para os edifícios urbanos são mais rigorosas, os raios danificam principalmente os electrodomésticos urbanos, mas nas zonas rurais, devido às medidas de proteção contra os raios, não atingem a posição esperada, além de os agricultores trabalharem frequentemente nas montanhas e em campos de arroz abertos, os residentes rurais sofrem acidentes devido a raios quase todos os anos. Em Guilin, os acidentes com raios ocorrem principalmente de abril a agosto, sendo raros no inverno e no início da primavera.

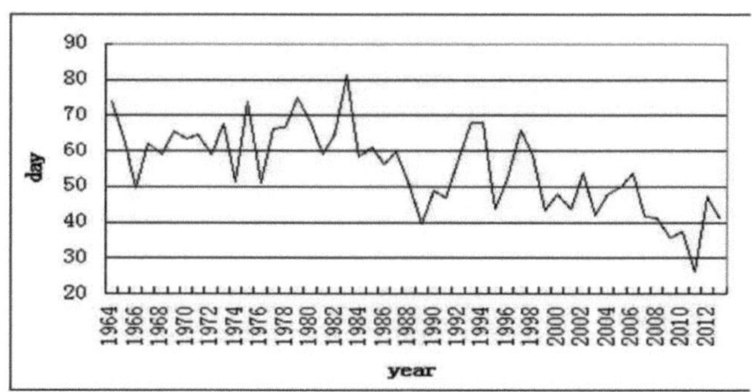

Fig.11 Variação anual do número de dias de trovoada em 50 em Guilin

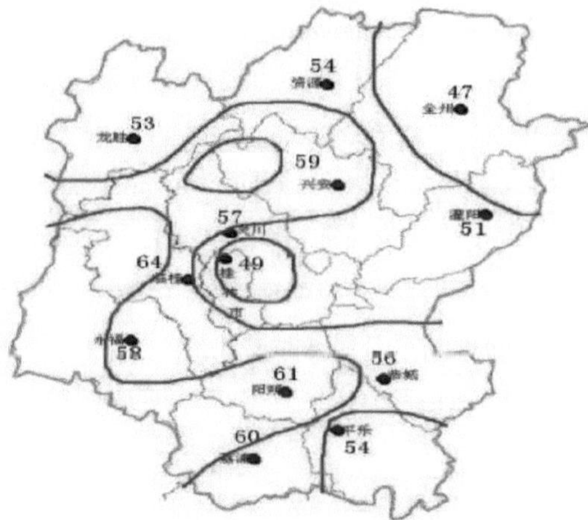

Fig.12 Distribuição espacial dos dias de trovoada em Guilin (média de 13 estações) (1964-2013),

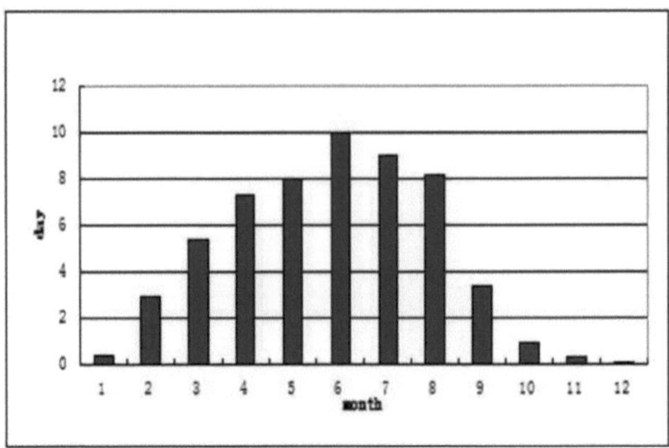

Fig.13 Dias de trovoada em Guilin por mês

A análise dos dias de trovoada em Guilin na variação (Figura 11) mostra que, na década de 1960 até meados da década de 1980, a tendência geral de aumento das trovoadas. Desde o século XXI, as trovoadas e os dias de trovoada têm apresentado uma tendência geral de descida gradual, o que é semelhante a outros resultados de investigação. A diminuição dos dias de trovoada no século XXI pode dever-se, em primeiro lugar, às alterações climáticas, em segundo lugar, ao desenvolvimento de instalações de proteção contra os raios e, em terceiro lugar, à melhoria dos métodos de monitorização, à ausência de intervenções nocturnas, etc. O dia de tempestade na região de Guilin não é inferior a 17 dias, a maior parte dos quais 96 dias. No período de 1977-1983, a maioria dos relâmpagos ocorre, especialmente em 1983, a maior parte dos dias de trovoada e relâmpagos no condado no máximo ou perto do máximo registado. De 2007 a 2011, os dias de trovoada foram os mais baixos em cada estação, sendo 2011 o ano com menos dias de trovoada e relâmpagos.

A média anual de dias de trovoada na cidade de Guilin é de 55 d / ano, em geral, é um campo minado. A figura 12 mostra que no nordeste (Quanzhou e Guangyang, distrito de Ziyuan), o dia médio anual de trovoada é de 45-55 dias e é um forte campo minado; na parte centro-sul (Xingang, Linggui, Yongfu, Yangshuo, distrito de Lipu), o dia de trovoada é de 55-65 dias e pertence a um forte campo minado. O número de dias de tempestade no distrito de Quanzhou é de pelo menos 47 dias/ano, o número de dias de tempestade no distrito de Linggui não excede 64 dias/ano. O número de trovoadas é menor no centro da cidade do que nos subúrbios.

Como mostra a Figura 13, podem ocorrer trovoadas em Guilin durante todo o ano, com uma alternância de meses de tempestade que aumenta gradualmente de janeiro a junho e diminui rapidamente de agosto a dezembro. Os dias de trovoada durante o ano concentram-se principalmente de março a agosto e representam cerca de 85% dos dias de trovoada ao longo de todo o ano, incluindo junho a agosto com 42%.

Como os picos de trovoada se distribuem ao longo do ano, estes 3 meses representam metade de todos os dias de trovoada. Em dezembro, janeiro e novembro, pelo menos, estes 3 meses de dias de trovoada representaram, em conjunto, cerca de 2% dos dias de trovoada anuais.

3.12 Impacto do granizo em Guilin no turismo

Guilin é a província de Guangxi onde o granizo ocorre com maior frequência. Para analisar o granizo em Guilin, foi calculado o registo meteorológico do solo observado desde 1957. A análise mostrou que Guilin apresenta anualmente granizo em pelo menos 1 a 2 distritos e que, em situações graves, o granizo pode afetar 4 a 5 distritos. O impacto do granizo em Guilin é de 5 a 10 mm de diâmetro, com um máximo de 50 mm. O granizo causa alguns prejuízos ao turismo, à agricultura e à economia nacional de Guilin. Os conjuntos de dados relativos à observação do granizo têm grandes limitações, não é fácil registar o granizo em zonas montanhosas remotas nos serviços meteorológicos do condado, a frequência de observação do granizo nos registos meteorológicos tem um fenómeno de fuga evidente, especialmente no que se refere à pequena área, à curta duração das pequenas catástrofes locais de granizo, existem conjuntos de dados mais completos. Mas alguns factores que influenciam a regularidade do granizo podem ser analisados de acordo com os registos meteorológicos da região de Guilin.

(1) Distribuição temporal do granizo em Guilin: as estatísticas mostram que a maior parte do granizo em Guilin ocorre entre janeiro e maio (96,5%), é mais concentrado entre fevereiro e abril (90%), é ocasional entre agosto e setembro e é raro entre outubro e dezembro.

Como o aquecimento do solo pode facilmente desenvolver convecção durante a tarde, o granizo aparece principalmente durante a tarde, entre 14 e 20. Análise de 8 vezes de granizo recente, todos ocorreram entre 14 ~ 20, incluindo um em 14 ~ 15, três vezes em 15 ~ 17, 3 vezes em 17 ~ 19, 1 em 19 a 20.

(2) Distribuição espacial do granizo em Guilin: Devido à complexidade da topografia, os fluxos de ar quente e húmido a partir do barlavento têm influência, a convecção pode

facilmente desenvolver-se e produzir granizo. Tipicamente, na região de Xingang, no sopé das montanhas Yuecheng, no extremo norte das montanhas Haiyang e nas montanhas DouPang, a água vem do sudoeste e sobe a encosta, o ar frio do nordeste tem de passar pelo corredor de Xiang Gui e, como a região de Guilin é um terreno especial, o granizo é maior. Aqui, onde se situam cerca de 14% das 13 estações urbanas de observação da cidade, o granizo ocorre cerca de uma vez por ano. Seguem-se os distritos de Lipu, Quanzhou e Ziyuan, onde o granizo ocorre cerca de uma vez em cada 2,5 anos. O distrito de Yangshuo é o que regista menos granizo, quase uma vez em cada cinco anos,

Noutros distritos, cerca de uma vez de 3 em 3 anos. Em Guilin, o granizo tem prioridade, com um máximo de 5 distritos a registarem granizo no mesmo dia, mas a localização do granizo não está relacionada, pois, para cada distrito, a área de granizo não é grande, é de cerca de 10 a 100 km^2. O granizo pode causar danos aos turistas ao ar livre e, se for acompanhado de vento forte, os danos aos turistas são ainda maiores.

3.13 O impacto do nevoeiro no turismo em Guilin

A distribuição regional do nevoeiro em Guilin é diferente, sendo Ziyuan e Longsheng os condados com maior incidência, onde a média anual é de cerca de 50 dias, em algumas atracções turísticas, montanhas ou estradas, o nevoeiro parece mais provável. Nos condados de Gongcheng e Lingchuan, há pelo menos 2 a 3 dias de nevoeiro por ano. Há mais dias de nevoeiro em novembro-dezembro e menos em fevereiro, maio e julho. O nevoeiro afecta principalmente a visibilidade do turismo e a segurança rodoviária do turismo de montanha, especialmente o turismo autónomo que conduz a Longsheng e aos recursos do condado, deve prestar especial atenção à estrada onde o nevoeiro afecta a segurança rodoviária. No rio Li, haverá 2-3 dias de nevoeiro por ano, e onde o nevoeiro aparece de manhã em particular, por isso a partida de barco cedo deve prestar atenção à segurança. No Aeroporto Internacional de Guilin Liangjiang, o nevoeiro é mais raro, mas tem uma influência decisiva nas descolagens e aterragens dos aviões. A fraca visibilidade causada pelo nevoeiro no aeroporto não permite que os aviões descolem e aterrem normalmente, pelo que os clientes devem ser informados atempadamente do tempo de nevoeiro e tomar as medidas de viagem adequadas.

3.14 O impacto do nevoeiro no turismo em Guilin

O fumo é uma catástrofe meteorológica grave. No século XXI, com o rápido desenvolvimento da economia social, urbana e rural, as pequenas fábricas de tijolos, as fábricas de transformação de madeira, as fábricas de bambu, as pequenas fundições não têm um plano de desenvolvimento; o projeto de desenvolvimento rodoviário "de aldeia em aldeia", associado ao rápido desenvolvimento dos estaleiros de construção das aldeias urbanas, faz com que a poeira atravesse o céu; o aumento da propriedade de automóveis, o crescimento a alta velocidade, as emissões dos veículos, várias razões causaram o fenómeno meteorológico do nevoeiro de Guilin, a imagem da cidade turística de Guilin teve efeitos negativos,

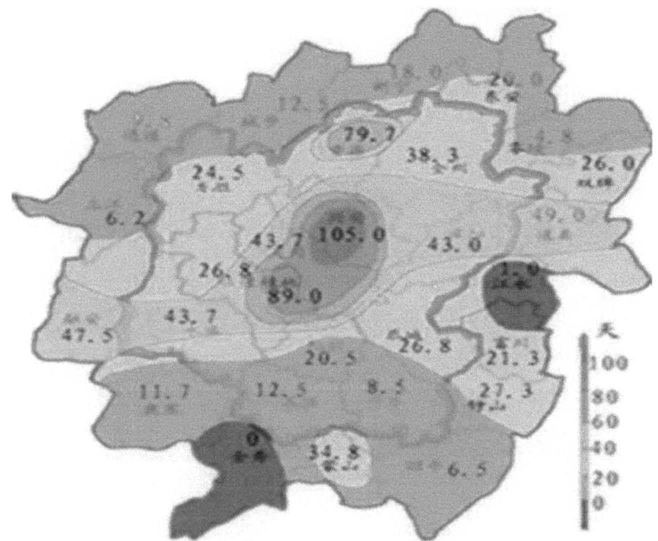

Figura 14 Distribuição dos dias de canícula em Guilin e nos distritos vizinhos nos últimos cinco anos

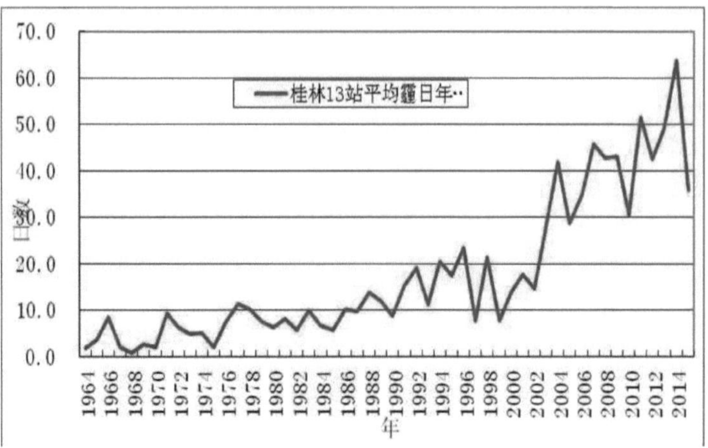

Figura 15 Variação interanual do número médio de dias de nevoeiro em 13 estações de Guilin

O terreno tem uma influência considerável no nevoeiro. Ao longo da linha de caminho de ferro, em várias cidades e bairros da

O nevoeiro é cada vez mais frequente, sendo a cidade de Guilin a mais afetada e o distrito de Xingang o segundo. A

Situa-se nas montanhas e ao longo do rio, a humidade do ar do condado de LongSheng e Pingle é maior, há menos pequenos empreendimentos industriais, pelo menos nos dias de nevoeiro. Devido à utilização de uma construção urbana moderna e rápida, à utilização de uma fábrica de cimento moderna e de uma fábrica de tijolos no norte de grandes emissões, quase 5 anos de neblina apresentam um valor elevado em relação à baixa de Guilin, no condado de Xingang. Os dias de neblina no condado de Ziyuan registaram um grande crescimento durante quase cinco anos.

O nevoeiro de Guilin aparece principalmente em setembro-fevereiro próximo, em março-agosto, os dias de nevoeiro são muito poucos, especialmente em abril-julho, Guilin grande período de inundação, precipitação, dias chuvosos, humidade é grande, o nevoeiro apareceu menos. Guilin e as estações de nevoeiro aparecem pelo menos em julho, este mês a precipitação é maior, a temperatura é elevada, este é o mês mais quente e solarengo do ano, o nevoeiro apareceu em menor grau.

3.15 Onda de frio

No inverno, quando Guilin está sob a influência de ventos frios vindos do norte, o tempo é frio. A vaga de frio afecta principalmente a região montanhosa a norte de Guilin, enquanto a região sul é menos afetada. Nas regiões montanhosas do norte, é provável que a vaga de frio provoque frequentemente condições de gelo nas estradas, afectando seriamente a segurança rodoviária.

3.16 Alta temperatura

Guilin também tem clima quente no meio do verão, o número médio de dias de alta temperatura (>35 ° C) é de 4-20 dias por ano. Em 2013, que é o ano com o clima mais quente, Guilin, de maio a setembro, registou temperaturas elevadas, os dias de temperatura elevada no sul do condado atingiram 66d, as aldeias e cidades registaram temperaturas máximas extremas de 42,1 ^{O}C. As temperaturas elevadas podem facilmente provocar insolação nos turistas e afetar o desenvolvimento do turismo.

3.17 Ventos de sul e chuva persistente e nublada

De março a abril, o vento sul mais forte ou o tempo nublado e chuvoso contínuo ocorrem com frequência. Este tempo nublado e chuvoso é fácil de provocar o desmoronamento de pedras, a queda de peões, e também é fácil de provocar bolor nos alimentos, afectando a vida quotidiana dos turistas. As agências de viagens e os guias turísticos devem avisar os clientes atempadamente e garantir uma viagem segura.

Capítulo 4

4 Índice de conforto climático

O conforto climático reflecte o clima de um local em que uma pessoa se sente confortável. Há muitos debates sobre o conforto climático. Wu Dui [2003] especializou-se na comparação de diferentes algoritmos e considera que cada algoritmo tem as suas próprias vantagens e desvantagens. Defende que as diferentes regiões devem efetuar estudos aprofundados com base na sua situação climática local real e desenvolver os seus próprios algoritmos.

4.1 Escolha do método

Se nos referirmos ao algoritmo de Guangxi [8] e Nanjing [10], o método que utilizaram foi corrigido neste documento. O cálculo dos meses para um clima agradável nas proximidades de Guilin é apresentado abaixo.

$$ssd=1.8t-0.55(1-f/100)(1.8t-26)-3.2V-2 \quad (1)$$

ssd - índice de conforto humano, t - temperatura média, f - humidade relativa, v - velocidade média do vento.

4.2 Resultados dos cálculos mensais do nível de conforto em diferentes distritos

Utilizando a temperatura média, a humidade e a velocidade do vento em 13 estações em Guilin durante 12 meses, substituídas na equação (1), os resultados são apresentados no quadro seguinte:

Sta./Mon.	1	2	3	4	5	6	7	8	9	10	11	12
Ziyuan	6	9	16	26	34	40	43	43	37	28	19	10
Quanzhou	6	9	16	27	36	42	47	46	39	30	20	11
Longsheng	10	13	20	30	37	42	45	44	39	31	22	14
Xingan	7	10	16	28	36	42	45	46	40	31	21	12
Guangyang	8	10	17	28	36	43	46	45	39	31	21	12
Lingchuan	9	12	18	29	37	44	47	46	41	33	23	14
Guilin	9	12	19	29	37	44	47	47	41	33	23	14
Lingui	11	14	20	31	39	44	47	47	73	34	25	16
Yongfu	11	14	20	30	38	44	46	46	42	34	24	15
Gongcheng	12	15	22	32	40	45	48	48	43	35	26	17
Yangshou	12	15	22	32	39	45	48	48	43	35	26	17
Pingle	14	17	24	33	40	46	48	48	44	36	27	18
Lipu	13	16	23	33	40	45	48	47	43	36	26	18

Quadro 7: Grau de conforto climático no condado de Guilin para cada mês

Em função da situação climática real em Guilin, os resultados dos cálculos podem ser divididos em 9 níveis:

1 <Nível: ssd 10, sensação de frio, muito desagradável ;

2 Nível: ssd(10, 15], sensação de frescura, desconforto ;

3 Nível: ssd(15, 20], a sensação de inclinação é mais fresca, mais confortável ;

4 Nível: ssd(20, 25], ligeiramente fresco, agradável ;

5 Nível: ssd (25, 30], o mais prático ;

6 Nível: ssd(30, 35], por vezes quente, agradável ;

7 Nível: ssd(35,45], sensação de calor, mais conforto ;

8 Nível: ssd(45,47], sensação de calor, desconforto ;

9 Nível: ssdssd>47, sensação de muito calor, muito desagradável.

3 Análise do nível de conforto

O quadro 1 mostra que, de dezembro a fevereiro, é frio e desconfortável no centro-norte de Guilin, menos agradável no sul, e de julho a agosto é quente e desconfortável no centro-sul de Guilin, menos agradável no norte, sendo o resto do tempo geralmente agradável. Estas condições climatéricas são muito favoráveis ao turismo.

Avaliação do impacto climático

Nos últimos 20 anos, o clima de Guilin aqueceu de um modo geral e, após fortes anomalias de temperatura desde 1998, a temperatura é elevada e instável em todas as estações. A alteração da quantidade de precipitação não é evidente. A velocidade do vento está a diminuir. O nevoeiro está a aumentar. A catástrofe meteorológica provocada pelas alterações climáticas está a acelerar.

As alterações climáticas alterarão a taxa de fertilização das terras agrícolas, aumentarão o desenvolvimento de doenças e pragas das plantas e aumentarão a poluição; terão um impacto nas condições de superfície e nos recursos hídricos, podendo levar à desertificação da superfície do solo, ao recuo dos glaciares, ao degelo do permafrost e à destruição da vegetação das pastagens, e acelerarão a desertificação; terão um impacto no ciclo do carbono do ecossistema florestal; causarão o aquecimento global e fenómenos meteorológicos e climáticos extremos.

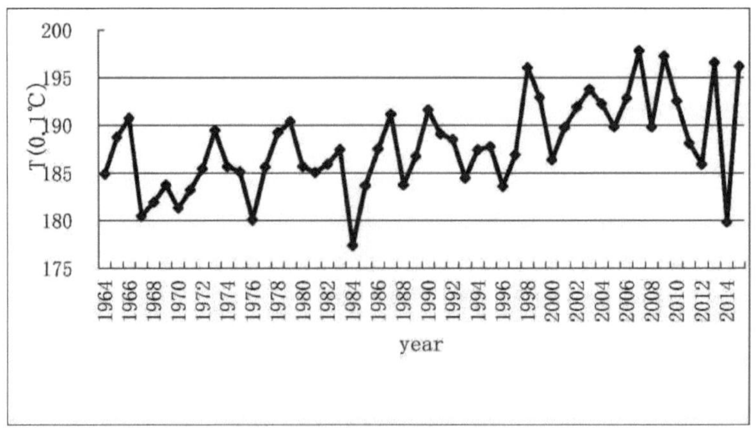

Figura 16: Variação da temperatura média anual em Guilin para cada ano

Impacto no ambiente

O aquecimento global pode levar ao desenvolvimento de zonas áridas e à extensão dos desertos; o aquecimento global levou a um aumento do vapor de cinzas, que afectou seriamente o ambiente ecológico e a qualidade da água do rio Li. A utilização ativa de fertilizantes químicos e pesticidas pelos agricultores está a destruir o ambiente ecológico do rio Li. A qualidade da água do rio Li satisfaz a norma de qualidade da água da classe Sh, mas a qualidade da água dos afluentes é pior, sendo a qualidade básica da água W ou V. A qualidade da água do rio Li é também inferior à de outros rios.

O centro da cidade de Guilin e o distrito de Yangshuo são as principais cidades cujas águas residuais são descarregadas diretamente nos rios. A descarga total anual de águas residuais é de 13521 x 104 m3 , sendo os principais poluentes o azoto amoniacal, COPCg, CBO5, fenol volátil, cianeto, etc. O rio foi gravemente danificado ou afetado.

Impacto na biodiversidade

O tipo de zona húmida do rio Li pertence à zona húmida do rio, à sua barra central, etc. Inundação de zonas húmidas As plantas das zonas húmidas prosperam no ambiente. De acordo com um estudo recente, o rio Li tem mais de 180 espécies de plantas de zonas húmidas, 64 famílias e 132 géneros. As espécies predominantes são a faia chinesa, a erva amarga e a erva aquática de folhas finas, a alga preta, o bambu, a dedaleira, o pé-de-pássaro, etc., foram recentemente encontrados óvulos de cravinho em Guangxi. De acordo com a investigação efectuada pelo Instituto do Ambiente da Universidade Normal de Guangxi, nos últimos anos, existem 17 espécies de plantas exóticas no rio Li, algumas espécies como o jacinto de água, o piao grande, a Eaeria densa, a lentilha d'água, a alternanthera philoxeroides, o painço, etc., que se encontra na capacidade de invasão de terras, é extremamente forte, no ambiente ecológico do rio Li, nos recursos turísticos paisagísticos e traz muitas consequências negativas. Nos últimos anos, o rio Li tornou-se uma grande planta submersa de erva amarga e amarga, que não se podia ver.

De acordo com estudos efectuados por especialistas em biologia de Guilin, o declínio da biodiversidade em Guilin é muito grave: só no rio Li, dez espécies de plantas quase desapareceram. As populações vegetais dominantes estão a mudar, a comunidade vegetal está a diminuir e a sua estrutura está a simplificar-se, o que afectou a diversidade da paisagem vegetal do rio Li. Devido à eutrofização da qualidade da água do rio Li, as plantas aquáticas cresceram de forma luxuriante no rio, mas a composição das espécies e os tipos de comunidade são simples e consistem principalmente em bordos yang-ling e bambus nas margens do rio. A erosão das espécies e a erosão genética prosseguem a bom ritmo. A população dominante está a mudar, a população está a diminuir, a estrutura da comunidade está a simplificar-se, o que está a afetar a diversidade da paisagem vegetal do rio Li. Devido à eutrofização da qualidade da água no rio Li, onde a composição das espécies e os tipos de comunidade se tornaram simples, as margens do rio são principalmente em ácer Yang Ling e bambu, no rio, é principalmente em algas malaias, As algas negras e a comunidade de erva amarga, as comunidades de taboa são difíceis de ver, tais como o grão, o lótus dourado e prateado, o olho de mosca de água, Nymphoides, amargo, erva amarga, grande, espécies de algas, podem ser vistas em 25 anos, mas agora desaparecem. A escala da erosão das espécies e da erosão genética é impressionante. A cebola de água, uma planta protegida pelo Estado, também quase desapareceu; os recursos de germoplasma de arroz selvagem estão a ser destruídos.

As plantas aquáticas são uma base importante para a manutenção da saúde dos ecossistemas das zonas húmidas, e a exploração excessiva dos recursos vegetais aquáticos está a destruí-los. Há ainda o fenómeno das plantas aquáticas a salvar no rio Lee. A pesca de erva flutuante pode causar a redução da área de distribuição de água, a sobrevivência, o impacto no habitat dos peixes no rio Lee e nas zonas de desova, reduz a capacidade de absorver e acumular nutrientes, o que acelera grandemente o processo de eutrofização, aumentando a degradação da qualidade da água.

4.3 A influência do clima nas plantas ornamentais da cidade turística de Guilin

Guilin situa-se na faixa temperada com uma flora rica e destaca-se pela diversidade das suas flores, com cerca de 5 000 espécies de plantas. Escala de integração floral: flor de colza, flor de pêssego, flor de ameixa, flor de cerejeira, azálea, camélia dourada, osmanthus perfumado, lótus, hibisco mutabilis, flor de galsang, jasmim de inverno, oleandro, buganvília, etc.etc.; poda de plantas ornamentais: folhas amarelas de ginkgo biloba no outono, folhas vermelhas de talus no outono e no inverno, folhas vermelhas de ácer no inverno, taxus chinensis, etc. Estas plantas ornamentais e flores têm as suas próprias caraterísticas de adaptação ao clima. Após a análise dos dados, as principais caraterísticas das variedades de plantas ornamentais mais importantes para o turismo em Guilin são apresentadas no quadro 8.

Variety	Ographical distribution	Suitable meteorological conditions	Season
rape flower	All city,Suburb, Quanzhou,Xinan,Longsheng, Lingui, Yangshuo more	18-20 ℃, like a cold,- 4 ℃ can survive, 12 ℃ flower, flower need light enough, 10 days flowering, water demand is high.	March-April
peach blossom	All city,most Gongcheng , Lingchuan township, city park has grown	10 ℃ bud and 12-14 ℃ bloom, like the sun, half months flowering time	March-April
plum	All city,most Guanyang, Quanzhou county	10 ℃ bud and 12-14 ℃ bloom, like the sun, half months flowering time	March-April
oriental cherry	Xishan, rival south mountain park, Pingle Huangniu village	10 ℃ bud and 15-20 ℃ is the most appropriate, flowering time and a half months, like sunshine, moist	March
golden camellia	Yushan park, rawmand paradise	like cloudy and wet, flowering avoid rainy,flowering in November to next March	February-March
azalea	All city, seven star park, Yaoshan,Miaoershan had more variety	Like well drained soil and cool humid climate,12-15 ℃ concentrated flowering,	March-Ma y
sweet-scented osmanthus	All city distribution, city is the most concentrated	Climate adaptability is strong, evergreen (0 to 35 ℃), the Mid-Autumn season bloom, like warm sunshine.	September -October
lotus	Suburbs, Lingui, Lingchuan, Yangshuo	20 ℃ bud, 23-29 ℃ appropriate growth, June to nine months in blossom, the ground part not to cold,	June-September

hibiscus mutabilis	Throughout central and southern	like warm, moist, sunshine,not cold-resistant, avoid drought, resistance to water wet, design and color with the temperature change.	September -October
galsang flower	Suburbs, Yangshuo	Short sunshir day, warm and humid, in March-October flower	March-October
winter jasmine	Distribution in all city	Slightly like shade-tolerance, like sunshine, like drought but not waterlogging ,	February-April
oleander	Gui-Yang roads sides	Like light chills,warm and humid climate, May-September flowering in succession	May-Sep.
bougainvillea speetabilis	bougainvillea speetabilis	Like warm humid,sunshine climate, not cold resistant, high temperature and drough tresistant resistance, avoid water accumulation. flower more than 15 °C.	March-November
gingko	All city, Xingan , ling-chuan most	Temperature ≤ 20 °C leaf color began to yellow, ≤12 °C started falling leaves	October-November
Excoecaria sebifera	All city,The li-river both sides most	Like light and warm, not cloud and cold. Temperature≤20 °C leaf color began to yellow, ≤12 °C started falling leaves.	November -Dec.
maple	urban concentration	Wide adaptability,temperature≤20 °C start to colour, ≤12 °C started falling leaves	November -Dec.
Taxus chinensis	North-central counties, Guanyang, Longsheng more	Extremely cloudy and hardy, like warm damp environment, ripe in November	November -January

Quadro 8: As principais plantas ornamentais turísticas de Guilin, condições climatéricas e período de floração

Impacto das alterações climáticas na floração das plantas. O crescimento das plantas ornamentais e das flores é influenciado pelo clima, pela temperatura, pela pluviosidade e pelos níveis de luz, que podem determinar o crescimento normal da planta. A floração precoce ou tardia está intimamente ligada à temperatura. A diferença entre as exigências climáticas de todos os tipos de plantas ornamentais é muito grande; na primavera, as plantas com flores são influenciadas pela temperatura efectiva acumulada; no verão, as plantas com flores gostam geralmente de luz e florescem durante muito tempo; no outono, as plantas com flores são influenciadas pela precipitação antes e depois de meados do outono, pelos efeitos da alternância de tempo frio e quente; as plantas com folhagem colorida são influenciadas pelo ar frio.

Flores da primavera

Incluindo pêssego, ameixa, pera, flor de cerejeira, jasmim de inverno, colza, azálea, etc., todas as flores que florescem na primavera, a análise mostrou que a maioria das flores que florescem na primavera condicionam a temperatura média diária de 10 C ou mais estável, e >10C a temperatura efectiva acumulada é de 188 C.d.

Flores de verão

As plantas como o lótus, as buganvílias e os loendros florescem no verão. Com uma temperatura estável de mais de ***20°C***, luz solar suficiente e a quantidade certa de chuva, podem continuar a florescer durante muito tempo.

Flores de outono

A prioridade é dada ao osmanthus doce, cujo período de floração está intimamente ligado às baixas temperaturas iniciais. Quando o osmanthus floresce, precisa de ser exposto a temperaturas baixas precoces, à chuva e depois a um aquecimento que abranda 2-3 dias após a floração.

Cor da folha

Do outono ao inverno, Guilin está frequentemente sob a influência do ar frio, a temperatura desce e muitas plantas sofrem alterações fisiológicas devido à temperatura e a outros factores meteorológicos. As folhas de algumas plantas contêm numerosos pigmentos naturais, como a clorofila, a luteína, as antocianinas e o caroteno. Devido aos diferentes níveis e proporções destes pigmentos, a cor das folhas varia. Como a síntese da clorofila necessita de luz forte e temperatura elevada, no outono, com a descida da temperatura, a luz, a síntese da clorofila, e a clorofila não é estável, a luz é fácil de decompor, e esta decomposição da clorofila não pode ser adicionada. Como resultado, a proporção de clorofila na folha diminui, e a luteína e o caroteno são relativamente estáveis, não são facilmente influenciados pelo mundo exterior. É por isso que a folha tem este pigmento sob a forma de uma cor amarela. Noutras plantas, o ácido encontra-se no mesófilo. As antocianinas são um tipo de composto orgânico volátil, incolor por si só, mas que se torna vermelho quando encontra um ácido. As folhas tornam-se vermelhas quando expostas ao frio. Em Guilin, o ginkgo, a thavolga, o ácer, o sumagre e outras plantas coloridas têm o maior valor ornamental.

Plantas de folha perene

A figueira-da-índia, a cânfora e o osmanthus são plantas de folha perene. A velha figueira-da-índia e a cânfora em Guilin são um excelente local para os turistas tirarem fotografias, e a grande figueira-da-índia em Yangshuo é uma das atracções turísticas mais conhecidas. As plantas de folha perene são capazes de se adaptar ao clima do sul.

Caqui, baga de cera, nêspera, citrinos, maracujá, morango, uva, fruta momordica são as culturas mais importantes na cidade de Guilin, são mais populares na agricultura biológica, a influência das anomalias de temperatura e precipitação é muito importante. Nêspera Arbutus Frutificação no final da primavera e início do verão 54

Chove muito no verão, colhe dióspiros e citrinos no outono e no inverno, e é propensa ao frio, às geadas e a outras catástrofes.

4.4 Tirar o máximo partido do clima, planear judiciosamente a floricultura

Guilin tem quatro estações ao longo do ano, há muitos tipos de plantas, se tirarmos o máximo partido do clima local, escolhermos plantas com elevado valor ornamental, escala de plantação, podemos criar as caraterísticas do formato, uma nova atração turística. A prática do turismo em Guilin provou que o cultivo de plantas ornamentais pode desempenhar um papel muito importante no turismo local. A prática do turismo em Guilin nos últimos anos provou também que os cidadãos fazem viagens curtas cada vez mais quentes, fins-de-semana, família, vários membros da família, um grupo de amigos, encontram boas paisagens e bom tempo para relaxar e descansar, tornou-se uma nova moda. As flores da primavera, a frescura do verão, os frutos do outono e as cores do inverno" tornaram-se os princípios orientadores do desenvolvimento da agricultura turística em Guilin.

Desenvolver o turismo ornamental **com flores de primavera**

Guilin estava agora com flores primaveris, especialmente Gongcheng, pomar de pêssegos de Lingchuan, o rio Taohua no centro da cidade também formava filas de pêssegos; a colza crescia em muitas partes da cidade; era a época da azálea em flor na primavera, a azálea é fácil de produzir, pode crescer em algumas plantações apropriadas em colinas nuas, faz com que as colinas pareçam um mar de flores na primavera.

Desenvolvimento adequado de férias de verão frescas e refrescantes e de turismo

Frescura de verão Num verão quente, as pessoas viajam nesta altura em lazer e esperam obter alguma frescura, o jardim botânico florestal é o local perfeito. Ao plantar algumas flores e plantas bonitas, algumas colinas áridas e semi-áridas podem gradualmente tornar-se um paraíso de verão para os viajantes. Muitas flores adequadas ao verão, como o lótus, o crisântemo, as flores de smartway, as buganvílias, a rosa de algodão, a cássia de quatro estações, a madressilva, o loendro e a murta de colza, podem refrescar as pessoas no verão, sendo dada a devida prioridade às plantas lenhosas.

Grau de desenvolvimento do turismo de frutos de outono

Guilin está repleto de frutos dc outono, laranja, pomelo, dióspiro, castanha, milho, batata-doce, ructus momordicae, uva, melancia, melão, morango, etc., os visitantes podem escolher a variedade de frutos, tem uma grande área de cultivo de frutas e legumes para desenvolver, o que é necessário para os turistas auto-suficientes de frutas e legumes é benéfico para o turismo de Guilin.

Programação inteligente Relógios de cor de inverno Turismo

Guilin inverno, a neve não é muito, mas as plantas são ricas em cores, especialmente antes da temporada de inverno, outras deliciosas folhas de ginkgo, tal, maple, rosa, campo na cor rica folhagem, como uma pintura de paisagem elegante, Haiyang comum vermelho e amarelo ginkgo biloba folhas, tal relógio de praia folha vermelha tornou-se um projeto de turismo de inverno Guilin quente. Alguns transportes convenientes terreno montanhoso, o tamanho pode ser plantado bordo vermelho, etc., torná-lo um cidadão de turismo de inverno novas atrações.

A instalação deve ser construída para ser economicamente útil

Incentivar os agricultores a desenvolver culturas que não só tenham valor económico e ornamental direto, mas que também possam ajudar os agricultores a obter mais benefícios económicos das actividades turísticas locais. Por exemplo, a colza, os frutos e os produtos hortícolas de integração plantados em grande escala deveriam acrescentar algumas atracções turísticas a Guilin. Para alguns terrenos baldios que não são adequados para o cultivo de frutas e legumes, seria uma boa ideia plantar plantas ornamentais como o ginkgo biloba, o ácer, o talo, etc., para aumentar o seu valor turístico.

Forte desenvolvimento da quinta feliz

Incentivar os agricultores que cultivam melancias, melões, morangos, milho, diospiros, toranjas, laranjas, uvas, etc., a abrir as suas hortas aos turistas para que estes as possam colher; esta medida pode incentivar o turismo e aumentar os rendimentos dos agricultores.

4.5 Impacto do clima no desenvolvimento do sector do turismo

O clima desempenha um papel importante para as atracções turísticas locais. As alterações climáticas terão um impacto nas mudanças da paisagem turística; por exemplo, a seca ou as chuvas fortes podem afetar negativamente os projectos turísticos ao longo dos rios. As condições meteorológicas, como as temperaturas elevadas e a chuva, têm um impacto significativo nas actividades turísticas. Devido ao aquecimento global, o período durante o qual se pode ver neve em Guilin no inverno diminuiu consideravelmente e algumas plantas ornamentais do Sul foram introduzidas em Guilin. Isto criou novas atracções para o turismo em Guilin, como a introdução da flor Galsang, que pode florescer durante os meses de verão.

Da primavera ao outono, o Mar das Flores de Guilin torna-se um novo destino de lazer para os habitantes da cidade. As catástrofes meteorológicas têm um grande impacto nas actividades turísticas, afectando as viagens, a segurança e o conforto dos turistas.

Impacto do clima no projeto de turismo fluvial

Os projectos de turismo aquático em Guilin incluem principalmente: passeios de barco no rio Li, no rio Zi, no rio Wupai, doze praias, no rio Yulong, no rio Longjing, etc., rafting e drifting, as cataratas de Gudong, etc. Estes projectos são mais afectados pela chuva e pelas inundações, que podem provocar a subida do nível da água do rio, tornando o rio desconhecido e os obstáculos no rio desconhecidos. Se a água subir demasiado depressa, estas actividades turísticas não podem realizar-se normalmente. Durante a estação seca, o nível da água é demasiado baixo, a cascata é cortada e as actividades turísticas correspondentes não podem ser realizadas normalmente. No rafting, é difícil evitar molhar-se. A partir do final do outono, a temperatura desce, a água fica fria e húmida, o que faz com que uma pessoa não se possa dar ao luxo de o fazer, pelo que as actividades turísticas de deriva tiveram de ser interrompidas.

Impacto do clima nos projectos de turismo de montanha

Esta classe de projectos turísticos inclui: trekking de montanha, reservas naturais e montanhas e grutas KARST, montanhismo ou turismo turístico, etc. É a mais vulnerável às chuvas persistentes, aos aguaceiros, às trovoadas intensas e ao nevoeiro, aos efeitos das catástrofes geológicas provocadas pelas inundações de montanha, às estradas escorregadias, às rochas soltas, às trovoadas e à chuva, etc. Todos estes factores podem prejudicar gravemente o desenvolvimento das actividades turísticas. Todos estes factores podem prejudicar gravemente o desenvolvimento das actividades turísticas. O nevoeiro pode desorientar os turistas, as estradas escorregadias tornam os visitantes presas fáceis e causam incómodos ocultos e inseguros.

Impacto do clima nos projectos de **turismo de lazer**

Os projectos de entretenimento em Guilin incluem principalmente: Xingan Merryland, Dabu Yuzi Park, Yugui Garden City e Seven Star Park, etc. Chuvas fortes, relâmpagos e trovoadas, vento, etc., afectarão as actividades turísticas. Os ventos fortes e os trovões, em particular, têm um grande impacto nas atracções localizadas em lugares altos. Deve-se prestar especial atenção à segurança dos objectos altos que provocam relâmpagos. A precipitação húmida, o nevoeiro e a névoa podem tornar os locais de atração pouco seguros.

Os efeitos do clima na história e na cultura, o turismo de construção antiga

Guilin tem uma série de atracções turísticas históricas e culturais, com muitos edifícios e residências antigas. Entre eles, a cidade principesca de Jingjiang e o mausoléu do rei Jingjiang, as estelas da floresta de GuiHai, Bai Chongxi, Li zongren, a antiga residência de Chen hongmo, a antiga cidade de Lingchuan Daxu, a antiga residência, os fantasmas, etc. Muitos edifícios antigos têm instalações de proteção contra raios imperfeitas ou estão danificados há muito tempo, sendo mais facilmente afectados por raios e ventos fortes. As chuvas fortes e as inundações repentinas podem danificar alguns edifícios de baixa altitude, como a ponte antiga.

Impacto do clima no turismo em **parques hortícolas**

Os parques, viveiros e quintas de Guilin estão espalhados por diferentes bairros da cidade, incluindo o Jardim Botânico da Montanha Yan, o Jardim Expo, o Viveiro da Montanha Hei e o Viveiro da Montanha Yao. São principalmente danificados pela chuva, vento, granizo, baixas temperaturas e hipotermia; algumas plantas com flores não são resistentes a baixas temperaturas. Se a temperatura for baixa no inverno, as plantas morrem no viveiro. Se o tempo estiver quente no verão, as actividades de lazer da exploração agrícola funcionarão bem, mas se o tempo estiver frio, a exploração agrícola funcionará mal. Os efeitos do granizo nas plantas florais e frutíferas são muito significativos, com pedras de granizo densas que afectam as flores, as folhas e os frutos jovens até ao solo.

4.6 A influência do clima na organização do turismo em Guilin

O clima de Guilin apresenta diferenças significativas entre o norte e o sul, onde existe uma topografia complexa, montanhas e rios. A fim de facilitar a análise do impacto do clima no turismo, com base na topografia e nas caraterísticas climáticas, a zona de conforto de viagem de referência pode ser dividida em: região montanhosa do norte, montanhas centrais e meridionais, vale do norte, vale do sul, planícies do norte, planícies centrais e meridionais, etc., seis áreas representativas.

Região montanhosa do norte: inclui a maior parte dos condados de Ziyuan, Guangyang, Quanzhou, Xingang, a norte do condado de Lunsheng, onde a altitude máxima é de 1700 metros, o clima de montanha é diferente. Representado por Ziyuan na região montanhosa do norte, a temperatura de inverno é mais baixa do que a de outros condados 5-10 ° C, as montanhas do norte são fáceis de passar as estradas de gelo, também propensas a gelo, cal e outras paisagens naturais. As montanhas do norte prestam-se ao desenvolvimento do turismo de neve de inverno, à formação de gelo, e onde também se presta à visita de férias de verão frescas e refrescantes. A uma altitude de 1.500 metros acima do nível do mar, o vento é mais forte e presta-se à produção de energia eólica. Existe um parque eólico muito grande nas montanhas a norte de Guilin. Montanha Jinzi, Nan 58.

Montanha, Lago Skye, Montanha Motian, Montanha Haiyang, Montanha Yangtze, etc., onde as estradas de montanha foram concluídas, o ambiente ecológico é bom, onde ainda pode ser considerado como uma nova atração turística, atraindo muitos turistas para visitar em todo o lado, deve ser cuidadosamente planeado e embalado para se desenvolver como um lugar importante para caminhadas na montanha e passeios ecológicos.

Montanhas centrais e meridionais: esta altitude é relativamente baixa, a paisagem coberta de neve no inverno pode ser vista a mais de 1000m acima do topo da montanha, o resto é difícil de ver a neve, pelo que é desfavorável desenvolver aqui, apreciar a vista do projeto de neve. Nesta região, a temperatura é mais baixa do que no vale ou na planície, pelo que é benéfico para o desenvolvimento do projeto ornamental de folhas coloridas, ginkgo, ácer vermelho, árvores de sebo, onde se podem desenvolver caminhadas e eco-viagens e indústria turística. O relevo das montanhas centrais e meridionais de KARST é óbvio, algumas das montanhas rochosas íngremes podem ser desenvolvidas como montanhismo, viagens e desportos, etc. A ecologia das montanhas centrais e meridionais é boa, está mais próxima do centro da cidade e as estradas são relativamente boas, sendo adequada para o desenvolvimento do turismo ecológico, do turismo de lazer e do turismo de saúde.

Vale do Norte: Inclui o rio Zi, o rio Xun, o rio Guan, etc. Ao longo do rio em ambos os lados é um bom lugar para férias de verão, onde pode ser um desenvolvimento adequado de deriva, cachoeira atrações turismo projeto de água, etc. Durante a época das cheias, os turistas devem prestar atenção às catástrofes nas montanhas, especialmente em caso de chuva forte, e no inverno, estes locais não são adequados para caminhadas e outras actividades turísticas com mau tempo. Como a temperatura é mais baixa no inverno, o turismo de trekking não é adequado.

Vale do Centro-Sul: Rio Peach Blossom, Rio Li, Rio Luoqing, Rio Cha, Rio Lipu, Rio Rong, Rio Gantan, etc. Dado que o ecossistema de ambas as margens do rio é requintado, presta-se particularmente bem a caminhadas e é adequado para as férias de verão. No entanto, é de notar que, em caso de tempestade, existe o risco de inundações. O rio Li presta-se ao turismo durante todo o ano, nas quatro estações. Um afluente do rio Li pode ser denominado rio Li para desenvolver o projeto de turismo náutico. A estância de verão a montante deve ser desenvolvida de forma ordenada e deve ter o cuidado de proteger o ambiente.

Planícies **do Norte:** As planícies do Norte distribuem-se de forma dispersa nos distritos do Norte, sendo os distritos de Quanzhou e Xingan os mais concentrados, onde existe um clima local específico, o estado caraterístico local da plantação agrícola é bom, a flor de peixe de Quanzhou, as peras de neve de Guanyang, a ameixa preta, a jujuba vermelha, as laranjas de Xingan, as uvas, as uvas sultanas, o produto muito popular de Ziyuan

Devido às caraterísticas das plantações e da agricultura, os turistas podem desenvolver rapidamente projectos de turismo rural.

Planícies centrais e meridionais: O terreno meridional é relativamente plano e a área é vasta, tendo também formado a sua própria indústria caraterística, onde não há catástrofes criogénicas, pelo que é possível desenvolver o agroturismo, desenvolvendo as caraterísticas dos produtos agrícolas (colza, girassol, crisântemos, estévia, outras flores, etc.) para formar uma nova atração turística.

4.7 Turismo de saúde

Aproveitando os benefícios do bom clima de Guilin e do ambiente mais adequado para a fixação humana, combinado com o plano de desenvolvimento da indústria de MTC de Guilin, a implementação da construção do partido de preservação da saúde de lazer da cidade, os turistas nacionais e estrangeiros para vir e viver aqui por um longo tempo, equipamentos, mantendo uma boa saúde.

4.8 Desenvolver o turismo cultural em Guilin

Guilin tem uma paisagem única e um cenário magnífico que atrai todos os anos um grande número de entusiastas da pintura e da fotografia que aqui vêm para criar. A cultura de Guilin é profunda, foi a retaguarda da guerra anti-japonesa durante a guerra anti-japonesa chinesa, quando havia um grande número de académicos reunidos em Guilin, e tem muita história valiosa. Os turistas podem estudar a arqueologia da gruta de Zengpi, as actividades humanas antigas, apreciar as inscrições esculpidas na pedra decorativa, olhar com reverência para as antigas residências históricas de celebridades. Por conseguinte, a fim de atrair mais pessoas ligadas à cultura que vivem em Guilin, Guilin deve dispor de instalações que lhes permitam manter actividades culturais, como a pintura e a caligrafia, a exposição de fotografia e a construção do centro de actividades de pintura de paisagem de Guilin, do centro de esboços caraterísticos nacionais e do centro de actividades para amantes da fotografia. Aproveitem a cultura florescente de Guilin e desenvolvam melhor o turismo em Guilin.

Capítulo 5

5 A zonagem climática de Guilin no sector do turismo

A análise exaustiva dos dados relativos ao conforto climático de Guilin, tendo em conta a insolação, a topografia, a direção do vento, a vegetação, o sistema hídrico, a influência de factores como a distribuição das atracções turísticas, através do principal método de regionalização do clima, ou dos meses mapeados no grau de conforto climático da cidade em termos de distribuição geográfica, é implementada a regionalização do clima turístico de Guilin. Como se pode ver na Figura 17-18.

Na ilustração, o preto é a zona fria e desagradável do mês, o branco é frio e agradável, o verde-amarelo é frio e agradável, o azul é agradável, o amarelo é quente e agradável, o rosa é quente e agradável e o vermelho é a zona térmica desagradável. Os pormenores podem ser vistos na ilustração da norma de cores.

Como se pode ver na Figura 17-18, o inverno no norte de Guilin será um pouco frio e desagradável, mas é frio no norte em todas as oportunidades de ver a cal, o gelo, tal como a paisagem de neve do norte, que não está na paisagem principal do centro e do sul, as viagens de inverno frio para as zonas montanhosas do norte podem sentir o frio no norte. No meio da estação estival, o sul do país torna-se muito desconfortável devido ao calor sufocante do verão, mas as montanhas do centro-norte, devido à elevada altitude e à cobertura vegetal, a temperatura mais elevada não ultrapassa os 35 ^{O}C durante todo o ano, o clima é muito adequado para o corpo humano, as pessoas sentem-se muito confortáveis, como por exemplo.Por exemplo, o distrito de Ziyuan, o lago celestial de Quanzhou e a fonte termal de Daxijiang, a montanha Xingan Maoer, a fonte termal Longsheng Huaping, a praia Linggui Twelve e o rio Yi, a estância de montanha Lingchuan Huangmei, a montanha West Guanyang, etc. No verão, deve sempre cobrir-se com cobertores para dormir à noite.

O nível de conforto, para além da influência dos factores climatéricos, da disposição humana e da saúde do corpo das pessoas, pode ter um grande efeito no nível de conforto da sensação. A meio da época estival, apesar do tempo quente, mas se ficar na montanha Miao'er, Longsheng Huaping, como estância turística, ou passar férias em Lingchuan Huangmei e outras estâncias de verão, esquecerá o calor do exterior e sentir-se-á muito confortável. Mesmo no frio do inverno, se tiver a oportunidade de ficar no cimo das montanhas cobertas de neve do norte de Guangxi, olhando para a neve branca e o gelo, esquecerá o frio, e com atitudes diferentes e indiferença. Guilin é uma região adequada para o turismo durante as quatro estações do ano.

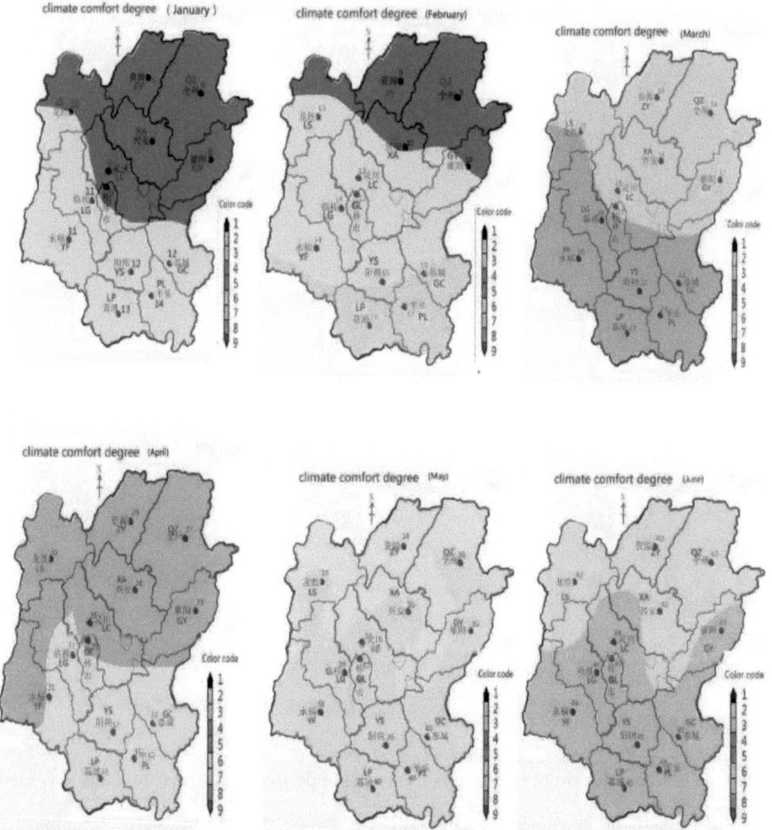

Figura 17: Distribuição do conforto climático dos turistas em Guilin de janeiro a junho

Figura 18. JLY - Distribuição DEC do conforto climático dos turistas em Guilin

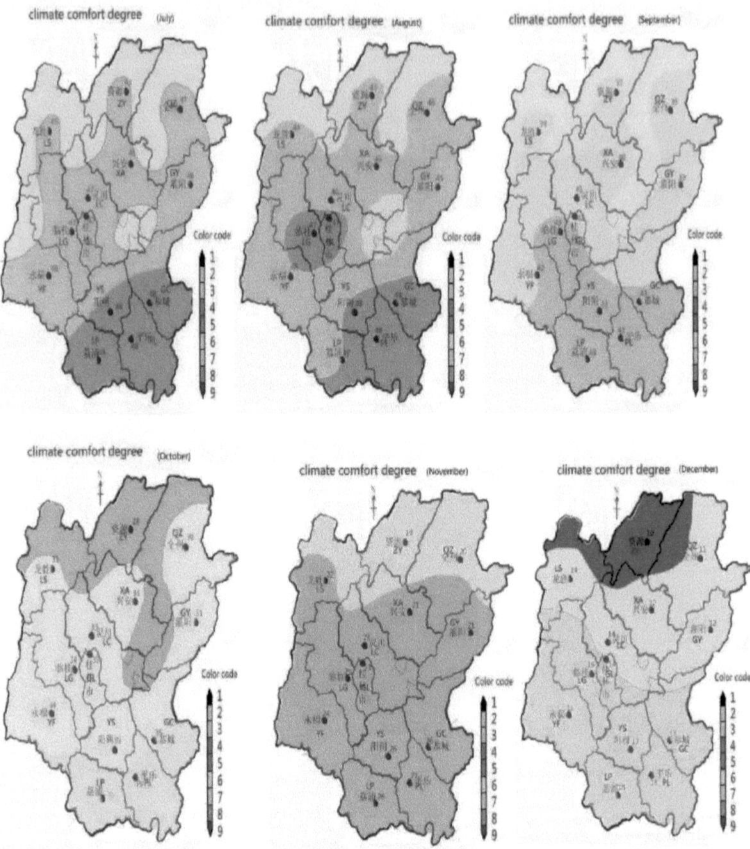

Análise das catástrofes meteorológicas e do índice de perigo para o turismo em Guilin

Guilin situa-se no nordeste de Guangxi e goza de um clima subtropical húmido de monção. O clima é ameno, com chuvas abundantes, mas também secas e inundações. De abril a julho, há mais precipitação, de agosto a dezembro, mais seca; o vento da primavera e o tempo húmido, os ventos tempestuosos, o granizo, a chuva forte, as inundações, as temperaturas elevadas, a seca, os danos provocados pelo gelo, o nevoeiro, a névoa, estas catástrofes meteorológicas têm um impacto negativo no turismo, mas Guilin não é suscetível a tufões, tornados, tempestades de areia e de neve, que não ocorrem. Após uma análise das causas das catástrofes em Guilin e uma visita a alguns dos antigos residentes da cidade, resumem-se os indicadores das catástrofes meteorológicas para o turismo em Guilin.

5.1 Um dia com ventos de sul e chuva persistente e nublada

Este tipo de clima ocorre frequentemente na primavera. Se o teor de vapor de água for elevado, o ar está quase saturado, está molhado em todo o lado, até o chão da sala estará aguado, porque a humidade do ar é elevada, pode ser escorregadio, é fácil combater os turistas. Se a chuva durar muito tempo, a superfície também pode estar molhada e podem ocorrer facilmente desastres geológicos. Em abril de 2015, um penhasco desmoronou-se em Guilin Dichai devido à chuva persistente, matando muitas pessoas. As causas da catástrofe neste tempo são as seguintes: Humidade = 90%, mais de 2 dias consecutivos de vento sul e tempo chuvoso.

5.2 Tempo convectivo forte

Estas incluem o granizo e as trovoadas. As trovoadas são muitas vezes acompanhadas por um forte clima convectivo. É provável que o tempo convectivo forte ocorra em março-setembro, este tempo tem uma grande influência na segurança dos visitantes da área, especialmente no cruzeiro do rio Lee, os ventos de trovoada podem causar graves desastres de navegação, o rio Lee ocorreu muitas vezes em grandes acidentes de segurança da água causados por ventos fortes. A causa do desastre em tais condições meteorológicas são : Geração de relâmpagos, força do vento de 8 pontos.

5.3 Aguaceiros

De abril a julho, Guilin regista frequentemente fortes precipitações. A quantidade máxima de precipitação atinge 400 mm num único dia, especialmente na linha férrea de Xiang Gui, onde se situa o centro da precipitação. As chuvas fortes provocam frequentemente inundações no rio, tendo a navegação no rio Li sido suspensa. Terras baixas 64

A paisagem teve de ser encerrada devido à entrada de água. As chuvas fortes também provocam frequentemente inundações, deslizamentos de terras e catástrofes geológicas. Quando chove muito em Guilin, o projeto turístico de Guilin é gravemente perturbado, o que significa que não só os projectos turísticos abertos, mas também as excursões ao interior do país dificilmente podem ser realizados devido à chuva intensa. As vagas de tempestade estão também a danificar as instalações de turismo náutico. O índice de catástrofe para este tipo de condições meteorológicas é o seguinte: precipitação total = 50 mm num dia, ou precipitação

= 30 mm em 6 horas, ou mais de 2 dias consecutivos de chuva intensa.

5.4 Alta temperatura

A temperatura elevada ocorre principalmente de julho a setembro, com temperaturas ocasionalmente elevadas em maio e junho. A temperatura máxima de 37°C ou o tempo quente tem um grande impacto nas pessoas ao ar livre, provocando facilmente uma insolação, especialmente em caminhadas, montanhismo e visitas turísticas. As pessoas devem prestar mais atenção ao arrefecimento e evitar actividades ao ar livre no dia de temperaturas elevadas. A causa deste índice meteorológico catastrófico é a seguinte: temperatura máxima diária =35 ° C, temperatura elevada, temperatura máxima diária 37 ° *C* ou tempo quente de verão.

5.5 Seca

Após a precipitação do outono ter sido muito menor, a seca ocorre, a seca pode afetar o ambiente ecológico em redor, durante a estação seca, o rio Li, porque havia pouca água, o barco teve de encurtar a distância, pode também causar o encalhe do navio de cruzeiro, o que também afectou os desportos aquáticos devido à falta de água; o ambiente ecológico também foi destruído devido à seca em geral; as atracções das cascatas e o rafting são os projectos mais afectados. Este índice de catástrofe climática: 20 dias contínuos sem precipitação, a seca é evidente.

5.6 Danos causados pelo arrefecimento

O tempo frio inclui estradas com gelo, vagas de frio, geada e congelação. O ar frio é a principal razão pela qual as pessoas não se adaptam, e as estradas geladas têm um grande impacto na segurança rodoviária. As estradas geladas ocorreram principalmente nas montanhas a norte da cidade e do município de Guilin. Em janeiro de 2008, as temperaturas baixas e o tempo gelado provocaram a paragem de todos os projectos turísticos no norte e na montanha de Guilin, e muitas estradas não podem ter tráfego normal. As caminhadas não são efectuadas na natureza.

Os índices de catástrofe para este tipo de clima são: temperatura mínima diária ^ 0 °C ou temperatura média diária de arrefecimento contínuo ^ 2 C.

5.7 Nevoeiro intenso

O nevoeiro afecta a visibilidade, afecta a descolagem e a aterragem normais das aeronaves, afecta os condutores de tráfego rodoviário e a linha de visão dos condutores de barcos de cruzeiro fluvial, é propenso a acidentes, afecta as actividades turísticas normais de Guilin, o impacto dos turistas na paisagem natural. As razões do índice catastrófico deste tempo são as seguintes Visibilidade ^ 1000 metros. Se a visibilidade for menor, o risco de segurança é maior.

5.8 Tempo de nevoeiro

O nevoeiro é causado por uma elevada concentração de poluentes atmosféricos, tais como poeiras, fumos de escape de automóveis, etc. A concentração de PM2,5 é elevada. Esta situação afecta não só a visibilidade, mas também o ambiente atmosférico, a saúde humana e a escolha dos visitantes estrangeiros para fazerem turismo em Guilin. Os índices de catástrofe para este tempo são: ^ visibilidade de 1000 metros e humidade^60%.

5.9 Catástrofe geológica

Devido à precipitação persistente ou a chuvas intensas, os deslizamentos de terras, os deslizamentos de pedras nas estradas, os deslizamentos de lama e outras catástrofes geológicas são comuns em Guilin todas as Primaveras e Verões, afectando seriamente a segurança rodoviária dos turistas e a segurança das suas vidas e bens. O turismo de montanha precisa de prestar mais atenção à segurança, especialmente nas montanhas, onde as catástrofes podem ocorrer facilmente. Índice de catástrofe meteorológica: mais de cinco dias consecutivos de chuva, ou chuva forte e ininterrupta durante dois ou mais dias, ou um dia de precipitação superior a 100 mm numa tempestade forte.

Capítulo 6

6 Proteção contra catástrofes meteorológicas no turismo

6.1 Sensibilização para as catástrofes meteorológicas no sector do turismo

As catástrofes meteorológicas afectam a segurança do turismo, a vida dos turistas e a segurança dos bens. A fim de prevenir e evitar as catástrofes climáticas no sector do turismo, a capacidade de gestão da administração local pode ser reflectida, pelo que a administração deve atribuir grande importância. Nos últimos anos, com o crescimento do turismo, o impacto das catástrofes meteorológicas no turismo está a tornar-se cada vez mais grave, apenas a plena consciência, o reforço da gestão, cada departamento atribui grande importância às catástrofes meteorológicas no turismo, o que garante o desenvolvimento sustentável do turismo. A proteção contra as catástrofes climáticas no sector do turismo deve igualmente colocar a prevenção em primeiro plano, de acordo com as diferentes catástrofes climáticas e os diferentes projectos turísticos, e, consequentemente, criar uma multiplicidade de planos de proteção. Todos os projectos oficiais de turismo comercial devem formular e melhorar todos os tipos de medidas de emergência para as catástrofes climáticas. A defesa contra as catástrofes meteorológicas é também um projeto complexo. Para além da atenção dos visitantes, o parque, os guias e os condutores têm uma grande responsabilidade, sendo igualmente importante a transmissão atempada de informações de alerta precoce sobre as catástrofes meteorológicas e a sua transmissão exacta.

6.2 Inspeção regular para eliminar todos os tipos de risco

Cada local turístico deve ser regularmente e oportunamente com o risco potencial de segurança, onde o perigo pode ser causado pela precipitação, como rochas rolantes, deslizamentos de terra, deslizamentos de terra, subsidência, rochas soltas, cercas soltas, sistemas de proteção contra raios, estes problemas ocultos seguros devem ser verificados regularmente, especialmente alguns difíceis de suportar a área de desastre. Guilin pedra montanha lugar pitoresco muitos, quer atenção especial para a gestão de rochas perigosas, não há perigos ocultos.

6.3 Para maximizar o seu investimento, deve melhorar todos os tipos de segurança.

As atracções turísticas devem aumentar a construção de dispositivos de segurança e ser regularmente verificadas. Estes incluem edifícios, montanhas para evitar deslizamentos de terras, sistemas de proteção contra raios que devem ser verificados anualmente, vedações de segurança que devem ser mantidas em tempo útil; falésias em risco de desmoronamento, deslizamentos de terras e deslizamentos de lama que devem ser verificados regularmente para determinar se o problema deve ser resolvido a tempo. Instalar sinais de aviso de catástrofe no local para lembrar aos visitantes que devem manter-se sempre em segurança.

6.4 Aumento da formação, introdução de práticas de viagem seguras

Os profissionais do turismo devem melhorar os seus conhecimentos e competências em matéria de segurança, os guias turísticos devem estar familiarizados com o seu próprio itinerário, conhecer as zonas propensas a catástrofes meteorológicas e saber como reagir em caso de catástrofe. Os serviços meteorológicos devem reforçar a monitorização e a previsão do tempo, e as principais atracções turísticas devem instalar informações meteorológicas num ecrã eletrónico capaz de mostrar informações meteorológicas a qualquer momento. Todos os anos, desde 1990, a Empresa de Turismo de Guilin convida peritos em meteorologia para dar uma aula no rio Li, a fim de ensinar as pessoas a protegerem-se dos ventos fortes. Este trabalho tem um efeito muito bom e previne eficazmente o risco de ventos de tempestade.

Em segundo lugar, para reforçar os conhecimentos sobre as catástrofes meteorológicas da defesa nacional, os visitantes devem compreender algumas catástrofes meteorológicas gerais e as suas capacidades de defesa. No que diz respeito às viagens ao rio e à albufeira, o turista deve prestar especial atenção às inundações provocadas pelas chuvas de monção, ter o cuidado de evitar os ventos tempestuosos e o tempo convectivo forte, ter o cuidado de evitar o nevoeiro e a neblina, não se perder no dia de nevoeiro, os turistas à deriva devem ter em atenção a profundidade da água, para evitar acidentes devido à menor quantidade de água no período seco. No caminho para a gruta geológica, os turistas devem estar atentos à chuva, uma vez que a precipitação prolongada pode facilmente provocar catástrofes geológicas, tais como deslizamentos de terras, quedas de rochas, etc. A chuva pode também tornar as estradas de montanha escorregadias, o que pode provocar ferimentos nos turistas. É preciso ter cuidado também com a infiltração de água nas grutas devido ao mau tempo. No que se refere aos locais históricos, à cultura nacional e às viagens de lazer, é necessário ter em atenção os efeitos das temperaturas elevadas, a proteção dos locais de construção contra os relâmpagos, a prevenção de catástrofes provocadas por relâmpagos e o ruído que provoca estradas escorregadias; no que se refere às excursões de animação rural e de ecologia paisagística, os turistas devem ter em atenção as chuvas fortes, que podem facilmente provocar inundações catastróficas e catástrofes geológicas durante os períodos de águas altas. Durante a época de verão, os turistas devem ter o cuidado de se protegerem do calor quando o tempo está quente. No inverno, o turista deve ter cuidado com as estradas geladas e com os ferimentos provocados pelo arrefecimento; o exercício de caminhadas, os visitantes a pé no campo, no trilho da montanha, a chuva, as inundações repentinas, as temperaturas elevadas, as catástrofes geológicas, o nevoeiro, as estradas geladas, as trovoadas, os ventos fortes podem constituir um perigo para os turistas, alguns podem mesmo ser perigosos. Os turistas devem prestar mais atenção à escolha de um acampamento seguro, especialmente quando acampam nos campos. Prestar especial atenção à estação seca, ao fogo selvagem; as viagens de carro conduzem muitas vezes os seus próprios carros para turistas não locais, porque os condutores não locais a tempo inteiro não compreendem as catástrofes meteorológicas no destino turístico, têm de conduzir com mais cuidado, pelo que é melhor reforçar o conselho, é melhor viajar aos pares.

Nos últimos anos, surgiram vários problemas de segurança devido à dissipação da neve. Por exemplo, em 13 de julho de 2013, em Guangxi, no distrito de Jinshu, e no mesmo dia numa aldeia pitoresca de Jiangxi. Em maio de 2016, a deriva na chuva causou um acidente grave em Guangdong, em Jiangmen, onde os turistas ficaram feridos. Estes acidentes, a gestão da deriva e os turistas reflectem muitos problemas, embora a chuva seja a causa direta, mas o sistema de gestão imperfeito, as medidas de segurança de emergência não são eficazes, e é uma das principais causas do acidente. Por conseguinte, a gestão da deriva deve ter em atenção a profundidade da água, a velocidade da corrente, a rotação, a praia, os rios locais e secundários, o sulco bifurcado e as chuvas fortes. As chuvas fortes provocam a subida da água do rio, o que, na pior das hipóteses, pode provocar grandes catástrofes. A gerência deve conhecer o rio à deriva e o seu estado a montante da chuva, compreender as condições meteorológicas locais, todos os empregados devem receber formação em reconhecimento das condições meteorológicas, salvamento de emergência e outros aspectos, reforçar as medidas de segurança e salvamento, através destas medidas, tais incidentes podem ser efetivamente evitados.

Capítulo 7

7 Serviço meteorológico para turistas

O bom desempenho do serviço meteorológico para o turismo desempenha um papel muito importante no desenvolvimento do turismo local. Para o serviço meteorológico turístico, em primeiro lugar, o departamento de viagens meteorológicas deve reforçar os requisitos para a investigação do serviço meteorológico, compreender que o departamento de turismo precisa de que tipo de produtos meteorológicos para efetuar serviços específicos. Em segundo lugar, a investigação da tecnologia de previsão meteorológica deve ser reforçada, melhorar o nível de aperfeiçoamento da previsão meteorológica, tornar a previsão meteorológica de catástrofes tão exacta quanto possível, o que pode acontecer, quando e onde. Em terceiro lugar, o serviço de informação meteorológica deve funcionar bem para o turismo.

7.1 Reforçar a investigação sobre a previsão meteorológica no sector do turismo

As previsões meteorológicas habituais do serviço de meteorologia não têm em conta a procura turística: muitos sítios turísticos locais receiam o vento, a chuva, sobretudo a chuva forte e os ventos curtos e tempestuosos; os passeios na natureza também receiam o nevoeiro, as estradas escorregadias ou geladas. Tudo isto significa que os serviços de meteorologia devem reforçar, nomeadamente, a sua investigação. Com o rápido desenvolvimento da sociedade, as exigências em matéria de exatidão das previsões meteorológicas são cada vez maiores. Os serviços meteorológicos devem esforçar-se por melhorar o grau de aperfeiçoamento das previsões a curto prazo e envidar todos os esforços para satisfazer as necessidades da sociedade. Os serviços meteorológicos devem envidar grandes esforços para melhorar a exatidão das previsões meteorológicas, que constituem a base dos serviços meteorológicos. Para além do valor tradicional das previsões meteorológicas, as viagens devem ser orientadas de forma mais forte e precisa para os vários serviços, especialmente a curto prazo, perto da exatidão das previsões. A utilização plena do radar meteorológico e da estação meteorológica automática de codificação nos dados de observação em tempo real, o tempo de produção e a maior resolução espacial dos produtos de previsão meteorológica, melhorando assim o conteúdo da tecnologia dos produtos do serviço meteorológico.

7.2 fazer um bom trabalho de gestão da informação meteorológica no sector do turismo

Devido ao facto de muitos locais turísticos estarem situados em locais remotos, à beleza ecológica, aos inconvenientes do transporte, à cobertura de sinal de comunicação deficiente, os produtos de previsão meteorológica são também difíceis de enviar para esses locais, os departamentos meteorológicos instalaram informações meteorológicas de visualização eletrónica em algumas atracções turísticas importantes, ao mesmo tempo que também necessitam do estudo da saída de informações meteorológicas de locais remotos, de modo a reforçar, através do contacto com essas atracções, a transmissão 70

informações sobre o tempo no telemóvel do pessoal de gestão da escola, bem como informações para os visitantes do pessoal de gestão.

Com o desenvolvimento do turismo Internet+, os serviços meteorológicos devem ser capazes de utilizar plenamente a tecnologia Internet e permitir que mais visitantes consultem informações meteorológicas em locais de interesse turístico, se informem atempadamente sobre as condições meteorológicas, planeiem a sua viagem de acordo com as condições meteorológicas, utilizem a ciência para o turismo e, assim, tornem as viagens mais seguras e mais convenientes.

(1) A base de dados consolidada de informações meteorológicas responde automaticamente à linha telefónica "12121". Quando outras pessoas precisam de conhecer as alterações meteorológicas locais, devido à previsão provisória, normalmente não são fornecidas direcções de mensagens, embora os visitantes possam solicitar informações meteorológicas sobre o destino turístico na Internet, mas o telefone "12121" tem obviamente melhor acesso às informações meteorológicas. No atendedor de chamadas "12121", a secção de serviços meteorológicos das atracções turísticas é aumentada, com serviços e conteúdos pormenorizados. O relatório de incidente turístico, deixar uma mensagem de segurança, informações meteorológicas de emergência de alerta precoce, informações de educação de conhecimento de emergência e outras funções devem ser adicionados ao sistema.

(2) A fim de melhorar a cobertura e a divulgação do serviço meteorológico, deve ser formada uma equipa de agentes de informação meteorológica para as principais atracções turísticas, a fim de garantir que os avisos de catástrofes meteorológicas graves possam ser

transmitidos através do "canal verde" para chegar ao serviço meteorológico nas atracções. Por exemplo, quando uma catástrofe meteorológica de grandes proporções é provocada pelo modelo de serviço "Internet + meteorologia", a velocidade de divulgação da informação meteorológica em tempo real e a sua exatidão aumentam, permitindo que os visitantes compreendam, pela primeira vez, a dinâmica do tempo e da meteorologia em tempo real.

(3) Expandir os meios e os canais de divulgação de informações meteorológicas. Reforçar a afixação eletrónica dos serviços meteorológicos nas principais atracções turísticas, desenvolver o serviço meteorológico APP, realizar previsões meteorológicas a curto prazo, produtos de serviço de alerta meteorológico precoce, posicionamento automático, realizar produtos de serviço de previsão meteorológica, mercado turístico e pedidos de informação e procura, produtos de serviço de turismo meteorológico, como o processamento em linha. Desenvolver mais serviços meteorológicos em terra, promover a combinação de serviços meteorológicos e turísticos, serviços públicos complementares e serviços pagos.

(4) Reforçar o serviço de embalagem do produto Previsão. Previsão meteorológica comum e materiais de defesa civil e mitigação, como informações de alerta precoce, inteligência, análise, avaliação, a maioria dos visitantes, porque não está familiarizado com o termo, não é fácil entender o significado da informação meteorológica. A ciência e a tecnologia modernas e o rápido desenvolvimento do mercado do turismo, a procura turística de serviços meteorológicos está em constante mudança; Internet, Big Data e Cloud Computing, a tecnologia da informação permeou o serviço meteorológico de todas as ligações, perturbando o modelo tradicional de serviço meteorológico. A precisão das previsões meteorológicas turísticas e a procura inteligente e digital estão a aumentar constantemente. A evolução do serviço meteorológico no turismo está a tornar-se um novo tema no serviço meteorológico, como utilizar as novas tecnologias. Do ponto de vista do processamento do produto do serviço meteorológico, é necessário acompanhar o desenvolvimento da "Internet +", tornar o serviço de previsão meteorológica mais adaptável à procura de desenvolvimento social.

(5) Desenvolvimento do serviço meteorológico WeChat qr code. A Internet + viagens promoveu eficazmente o turismo inteligente, os turistas só podem comprar através do WeChat, planeamento de rotas, visitas turísticas, informações meteorológicas turísticas, etc. "Internet + serviço meteorológico" é a necessidade do desenvolvimento do serviço meteorológico, os departamentos meteorológicos devem reforçar o desenvolvimento do serviço meteorológico WeChat qr code, acompanhar o desenvolvimento da modernização, os visitantes do local pitoresco WeChat qr code scanning, podem ser implementados WeChat

pay, linha inteligente e serviço de informação meteorológica push. Grande conveniência para um grande número de visitantes, para melhorar o conforto dos turistas.

7.3 Criar um clima favorável ao desenvolvimento de atracções turísticas.

A viabilidade climática das atracções é muito importante, demonstrar o clima, pode efetivamente evitar desastres climáticos frequentemente ocorridos, disposição adequada do espaço, instalações e promoção de visitantes para viajar com segurança, é benéfico para as atracções para uma maior eficiência.

Resumo

Nos últimos anos, com o rápido desenvolvimento da economia social, o desejo das pessoas de viajar tornou-se cada vez mais forte, cada vez mais o investimento no turismo, a segurança do turismo e as questões de conforto das viagens têm atraído a atenção das pessoas. Devido ao desenvolvimento do turismo e à promoção do desenvolvimento do local da terceira indústria, ao aumento da economia local, o local atribui grande importância ao desenvolvimento dos recursos turísticos. Como o tempo no desenvolvimento económico do turismo desempenha um papel positivo, que é o foco deste estudo. Em Guilin, à frente do desenvolvimento do turismo nacional na zona de construção experimental do turismo nacional, estância turística internacional, o turismo de Guilin também deve adaptar-se à situação, experimentação inovadora, ousadia, desenvolvimento rápido. Para ter plenamente em conta o desenvolvimento do turismo em Guilin, o grupo estuda a situação de base do turismo em Guilin, combinada com a observação dos gabinetes meteorológicos ou dos dados de análise das estações, o impacto das condições climatéricas para uma análise aprofundada, obtendo os seguintes resultados principais da investigação:

(1) Um bom impulso para o desenvolvimento do turismo em Guilin. A paisagem encantadora de Guilin, a paisagem é encantadora, muitas atracções turísticas, após anos de desenvolvimento, combinadas com os dons da natureza, foram desenvolvidos mais de 50 pontos de paisagem, incluindo pontos de paisagem nacional de grau 5A 2, pontos de paisagem de grau 4A em 11, área de paisagem de nível 3A 8. Cidade, concelho (distrito) as principais formas de modelo de turismo distintivo. Utilização da cidade moderna KARST montanhas e grutas, história e cultura, e o Exército Vermelho no avanço efetivo Xiangjiang Memorial Hall Canal, Estado e Templo GongCheng, Ziyuan's danxia relief, Longsheng Terrace Ridge, Guanyang e GongCheng Yao nacionalidade cultura, LiPu caverna geológica, para a cultura da longevidade, Yangshu International Tourist City, Lingchuan e casas do povo Lingui. Construção de uma zona experimental de turismo nacional, construção de um centro de turismo internacional e construção de um nó ferroviário nacional de alta velocidade, desenvolvimento do turismo de primavera em Guilin.

(2) O tipo de atracções turísticas em Guilin é vasto. Os principais tipos de atracções turísticas podem ser divididos em: Passeios de barco, ecologia, edifícios antigos, apartamentos antigos), história e cultura, turismo de montanha, férias em fazendas, rafting, fontes termais,

cachoeiras, entretenimento KARST geologia, viveiro de jardim, templos e outras 12 classes; os meios de viagem incluem principalmente: equipe de natação, passeios turísticos, caminhadas, viagens rodoviárias, com excursão de destino de grupo, etc.

(3) O clima influencia o turismo. A maior parte do turismo é de lazer ativo e é mais influenciado pelas condições meteorológicas. A influência dos principais factores meteorológicos é a seguinte: 73

Temperatura, precipitação, vento, sol, nevoeiro, neblina, geada e geadas. A temperatura e a precipitação são os principais factores de influência. As condições climatéricas adequadas favorecem o desenvolvimento do turismo, enquanto as condições climatéricas desfavoráveis prejudicam inevitavelmente o desenvolvimento do turismo. O clima não só afecta o bem-estar dos turistas, mas também o crescimento das plantas e flores ornamentais, o ambiente ecológico, as atracções turísticas e as actividades turísticas. O desenvolvimento e a utilização adequados dos recursos climáticos do turismo são favoráveis ao desenvolvimento do turismo.

(4) Desastres meteorológicos e de defesa do turismo em Guilin. As principais catástrofes meteorológicas que afectam o turismo são as seguintes Chuva forte, inundação, seca, relâmpagos e trovões, granizo, ventos de tempestade, geada, geada, ruído (dia do sul), nevoeiro, neblina Estas catástrofes meteorológicas têm um impacto significativo nas actividades turísticas e na segurança do turismo. Através da inspeção de segurança das atracções turísticas, os problemas de insegurança são detectados precocemente; para reforçar as agências de turismo, a formação do pessoal, a prevenção de catástrofes turísticas e a redução da capacidade de carga; para reforçar a popularização da ciência meteorológica, para reforçar a previsão e a divulgação de informações sobre catástrofes meteorológicas, aumentar a prevenção de catástrofes operacionais e instalações de refrigeração, pode ser eficaz

(5) O clima turístico de Guilin é agradável e regional. O clima turístico de Guilin é geralmente de relativo conforto. Apenas em dezembro, janeiro e fevereiro pode aparecer uma pequena escala de frio incómodo nas regiões do norte, em julho e agosto haverá um tempo quente e desagradável ao ar livre no sul, sendo o tempo confortável mais fácil durante todo o ano. Em função das diferentes estações do ano e das diferentes condições meteorológicas, devem ser organizados projectos turísticos adequados para que os visitantes possam desfrutar de uma viagem agradável.

(6) Para fazer um bom trabalho do serviço meteorológico. O turismo depende do serviço

meteorológico, os departamentos de meteorologia devem reforçar a investigação meteorológica turística, combinada com a necessidade de projectos turísticos, o desenvolvimento do trabalho de serviço meteorológico orientado, o primeiro é melhorar o grau de precisão do curto espaço de tempo perto da previsão meteorológica, o segundo é reforçar os procedimentos de transmissão de informações meteorológicas, o método de investigação, fornecer informações meteorológicas para cobrir as principais atracções turísticas, serviços para grupos de viagens regulares.

(7) Desvantagem e perspetiva O rápido desenvolvimento dos projectos turísticos, alguns dados de base não podem ser recolhidos de forma integrada, mesmo algumas das atracções turísticas mais maduras, a recolha de dados é difícil de completar, o que pode levar a alguns erros no projeto de análise. A maioria das atracções turísticas tem frequentemente

Para muitos projectos turísticos, a classificação também é difícil de tratar de todos os aspectos, pelo que a classificação dos projectos também só destaca os projectos turísticos mais importantes.

Factores meteorológicos e análise das catástrofes meteorológicas, falta de observações no terreno e análises geralmente qualitativas, falta de indicadores quantitativos. A justificação climática dos projectos turísticos é praticamente inexistente.

O desempenho do serviço meteorológico também pode não corresponder às exigências do desenvolvimento do turismo. O desempenho do serviço meteorológico nos produtos turísticos não é suficientemente bom, pelo que é necessário melhorar constantemente as instalações do serviço.

Devido ao nível de tecnologia do investigador, algumas partes analisadas parecem simples e grosseiras, o método de utilização é relativamente simples, sendo necessária uma análise aprofundada. No futuro, continuar a reforçar o seguinte trabalho:

(a) Reforçar a observação e o estudo do desenvolvimento do turismo em Guilin e compreender atempadamente as novas tendências do desenvolvimento do turismo em Guilin.

(b) A melhoria do nível de previsão meteorológica é o eterno tema do departamento de meteorologia, que, ao custear a construção de uma rede de estações meteorológicas automáticas, reforça a nova geração de análise de dados de radares meteorológicos, implementa a monitorização em tempo real de catástrofes naturais, prevê o tempo curto e melhora o nível de aperfeiçoamento. Utilização plena da tecnologia Internet +, tecnologia dos novos meios de comunicação social, reforço da capacidade de serviço meteorológico.

(c) Reforçar a promoção e a divulgação da viabilidade climática, tomar a iniciativa de fornecer serviços meteorológicos antes dos grandes projectos turísticos, intervenção meteorológica a montante.

Literatura

Z.W.Wu.2001. Climatologia do Turismo [M], Beijing. Imprensa Meteorológica,

F.Y.Wei, J.C. Wang.2007, 2001-2007 no nosso país Relatório de investigação sobre turismo e clima [J], Journal of Changchun Normal University (Natural Science Edition), 26(6) : 73-76.

S.Y.Yang, 2005. Algumas questões sobre a climatologia das viagens [J], Journal of Guilin Tourism College, (3): 24-27.

F.Q.Zhang.2006, Baseado na teoria da climatologia do turismo para acelerar o desenvolvimento do turismo em Nanchang análise empírica [J]. Jornal de estratégia de desenvolvimento, (4): 49.

J. Guo. 2005. Investigação sobre o desenvolvimento de recursos turísticos climáticos em Sichuan [J]. Jornal de meteorologia de Sichuan, (4): 26-27.

H. Cao, X.P.Zhang, C.P.Chen . 2007. avaliação dos recursos climáticos turísticos do parque florestal nacional de Fuzhou [J]. Jornal de economia florestal, (1) : 34 - 37.

L.S.Lian, Z.F. Li, 2005. Investigação sobre os recursos climáticos do turismo em Shandong [J]. Shandong Wetter Journal, (3): 42-44.

D.Y.Duan, L.Zhou. 1998, Caraterísticas do carste e das grutas no clima turístico de Hunan [J], Shanxi Météorologique, 19 (1) : 29-31.

Z.G.Fan, H.G.Lei, 2005. Investigação sobre as caraterísticas climáticas do turismo de Zhangjiajie e a conceção do sistema de serviços [J]. Jornal de Meteorologia de Guangxi, 26(1):86-88.

M.L.Qin, W. Leng, P.J. Zhao, 2013. Avaliação dos recursos climáticos do ecoturismo da cidade de Congzuo e estudo preliminar de utilização [J], Meteorological Research and Application, 34 (4): 52-56.

Y.Hu, K.Y.Zhu, Y.Z.Jiang.2001. Investigação sobre recursos climáticos para o turismo em Chengdu e arredores [J], Journal of Chengdu Information Technology College, (4): 237-242.

J.G.Cheng, X.F.Wang, H.Long, etc., 2010. Impacto das alterações climáticas nas principais indústrias da província de Yunnan [J], Journal of Yunnan Normal University, (3) : 1-20.

B.H.Yang, Z.Su, G.L. Chen, 2011, The influence of climatic conditions of Guangxi north bay tourism evaluation [J], Tourism BBS, 4 (4) : 118-120.

Q.C.Liu, Z.Wang, S.Y.Xu, 2007. Análise do clima de conforto do turismo urbano na China [J]. Journal of Resource Science, (1): 133-141.

M.Liu, B.Yu, 2002, Investigação sobre o conforto humano e perspectivas de desenvolvimento [J], Meteorological Science and Technology, 30 (1): 11-15.

X.Y.Zhao, S.H.Shen, H.S.Sun, 2008, um estudo sobre o conforto do clima turístico em Nanjing [J], Journal of Nanjing Institute of Meteorology, 31 (2) : 250-256.

H.L.Zhou, P.P.Sun, W.L. Geng, 2012, Weihai Tourism Climate Resources and Comfort Analysis [J], Shandong Weather, (3): 26-27.

W.J.Qin, 2003, Análise do conforto do clima turístico de Guangxi [J]. Jornal de Meteorologia de Guangxi, 24(4): 50-51.

X.L.Ye, P.Q. Wei, R.Q. Qin, 2012. guangxi bama county quase 10 anos de análise de conforto de viagem[J], Meteorological Research and Application, 33 (suppl): 84-89.

X.C.Li, Z.Su. 1999, Guangxi summer tourism climate comfort degree fuzzy comprehensive evaluation [J], Tropical Geography (2) : 184-187.

D.L.Huang, 2010, Assessment of tourist climate comfort in Guilin [J], Meteorological Research and Application, 31 (3) : 27-29.

D.Wu, 2003, Discussão da fórmula de previsão do conforto do corpo humano [J], Meteorological Science and Technology, 31 (6): 370-372.

Y.L.Liu, 2014, Frequent extreme weather events from the perspective of China's tourism industry development [J], Modern Tourism, (10): 22 и 23.

X.Sun, H.Y.Yu, B.Sun, et al. 2014, Variação espacial e temporal dos principais desastres meteorológicos na análise estatística da província de Hebei [J], Meteorological Drought, 32 (3): 388-392.

P.Feng, Z.Y.Wang, 2002, Problemas e medidas de gestão no estudo das catástrofes provocadas pela seca [J], Disaster Science, (1) : 1-4.

Ji.W.Xin, X.C.Xu, 2007, Major meteorological disasters in our country and countermeasures [J], Disaster Science, 22 (3) : 85-89.

G.Y.Ren, J.Guo, M.Z.Xu, etc.2005. Quase 50 anos de grandes caraterísticas terrestres da mudança climática [J]. China meteorológica sinica, (6): 942-950.

J.X.Guo, Z.C.Li, 2005, O nosso país de classificação de desastres climáticos e prevenção de desastres e contramedidas de mitigação [J], Disaster Science, 20 (4): 106-110.

T.Liu, T.C.Yan, 2011, As principais catástrofes meteorológicas e as perdas económicas do nosso país [J]. Journal of Natural Disasters, 20 (2): 90-95.

Q.Y.Zhang, J.H.Ju, W.D.Wang, etc. 2007, Impacto do aquecimento global na saúde humana [J]. Jornal de Ciência e Tecnologia Meteorológica, 35 (2) : 20-22.

S.Y.Yang, J.Hu, 2010, Impacto da catástrofe meteorológica no turismo no nosso país [J], Anhui Agricultural Science, 38 (13) : 6977-6980.

S.Z.Luo, Q.C.Wang, 2013, Caraterísticas temporais da análise da mudança de desastre meteorológico do turismo na província de Qinghai [J], Journal of Qinghai University (Natural Science Edition), (1): 1-7.

Y.L.Yang, L, Y.Pen, Q.L.Wang, etc. 2011, Weather disaster on Zoige tourism security time characteristics analysis [J], Journal of Chengdu Information Technology College, 26 (1): 47-51.

F.L.Yang, F.Gao, 2013, Introdução à toxicologia ambiental do fumo [J], Anhui Agricultural Bulletin, 12 (16): 98-99.

Z.Jia, Efeitos do nevoeiro e da neblina na saúde e medidas preventivas [J], Family Physicians, 2013, 21 (8): 80.

N.N.Cui, D.Fan, D.S.Zhang, etc. Estudo de correlação entre o fumo e as doenças cardiovasculares e respiratórias agudas [J], Chinese Journal of Emergency Rescue and Disaster Medicine. 2013, (8): 690-693.

X.Y.Ttian, C.S.Yuan, Z.Wu. 2010, Highway haze evolution and its effect on visibility [J], Meteorological Science and Technology, (6) : 673-678.

W.J.Qin. 2000, Distribuição temporal da atividade dos relâmpagos em Guangxi [J]. Jornal de Meteorologia de Guangxi, 21 (4): 32-35.

L.Ma, X.Y.Fang, 2006, Nearly 20 years of climate warming impact on seasonal tourism in Beijing - a case study of peach flower festival in Beijing Botanical Garden [J], Earth Science, 21 (3) : 313-319.

L.Liu, Y.Z.Gan. 2006, Tipo de floração fiel, precoce ou tardia de pessegueiros em clima de inverno Caraterísticas e previsão da floração [J], Meteorological, 32 (1): 113-116.

C.Z.Wang, G.T.Tang, X.D.Bai, 2014, Investigação sobre a previsão meteorológica da floração de osmanthus [J], China Agriculture Bulletin, 30 (22): 74-78.

J.Li, Q.Z.Yang, K.M. Yang, 2006, Flowering conditions of silver osmanthus [J], Journal of Plant Ecology, 30 (3) : 421-425.

X.D.Bai, 2014, Análise das condições meteorológicas agrícolas da floração do osmanthus [J], Agricultural Science and Technology, 15(9):1612-1616.

S.Tang, 2012. primavera de março, a flor da flor é a colza de Tongnan para puxar uma grande viagem [J], Chongqing e o mundo: a segunda metade, (3): 60-61.

Printed by Books on Demand GmbH, Norderstedt / Germany